Ajay Mandal

Síntese de um novo tensioativo e de um tensioativo polimérico para EOR

AF402133

Ajay Mandal

Síntese de um novo tensioativo e de um tensioativo polimérico para EOR

Síntese e caraterização de um novo tensioativo e de um tensioativo polimérico para aplicação na recuperação avançada de petróleo

ScienciaScripts

Imprint
Any brand names and product names mentioned in this book are subject to trademark, brand or patent protection and are trademarks or registered trademarks of their respective holders. The use of brand names, product names, common names, trade names, product descriptions etc. even without a particular marking in this work is in no way to be construed to mean that such names may be regarded as unrestricted in respect of trademark and brand protection legislation and could thus be used by anyone.

Cover image: www.ingimage.com

This book is a translation from the original published under ISBN 978-3-330-01549-4.

Publisher:
Sciencia Scripts
is a trademark of
Dodo Books Indian Ocean Ltd. and OmniScriptum S.R.L publishing group

120 High Road, East Finchley, London, N2 9ED, United Kingdom
Str. Armeneasca 28/1, office 1, Chisinau MD-2012, Republic of Moldova, Europe
Printed at: see last page
ISBN: 978-620-6-36628-7

Copyright © Ajay Mandal
Copyright © 2023 Dodo Books Indian Ocean Ltd. and OmniScriptum S.R.L publishing group

ÍNDICE

RESUMO

A indústria petrolífera enfrenta atualmente desafios prementes para aumentar a produtividade dos poços, uma vez que a procura de petróleo está a aumentar de dia para dia, particularmente nos países desenvolvidos e em desenvolvimento. Normalmente, dois terços do petróleo original existente num reservatório não são produzidos e ainda estão pendentes de recuperação através de métodos eficientes de recuperação avançada de petróleo (EOR). Os métodos de EOR são indispensáveis na indústria petrolífera como meio de aumentar a produção em reservatórios esgotados existentes. As estratégias para melhorar ou reforçar as estratégias de produção de petróleo através de métodos EOR são um dos desafios mais críticos que a indústria enfrenta atualmente. A recuperação melhorada de petróleo não só prolongará a vida deste importante recurso não renovável, como também atrasará o declínio da produção mundial e a escassez do abastecimento de energia. A inundação química é um método importante para a recuperação melhorada de petróleo (EOR) que inclui a inundação de polímeros, tensioactivos e alcalinos. A inundação por tensioactivos e as suas variantes são processos de EOR que têm sido utilizados para recuperar o petróleo residual após o processo de recuperação primária e secundária. Atualmente, estão a ser produzidos muitos tensioactivos e tensioactivos poliméricos a partir de óleos naturais para satisfazer as necessidades de recuperação melhorada de petróleo devido à sua capacidade de reduzir o IFT e controlar a viscosidade de forma considerável. A aplicação tanto de polímeros como de tensioactivos pode revelar-se economicamente eficaz, apesar de poderem surgir complicações relacionadas com a formulação e a conceção adequadas.

A presente tese dedica-se ao estudo da síntese, caraterização e propriedades físico-químicas de um novo tensioativo e de um tensioativo polimérico para aplicação na recuperação avançada de petróleo. No presente estudo, o óleo de rícino foi escolhido como matéria-prima para a síntese do éster metílico sulfonato de sódio. Entre os óleos vegetais, o óleo de rícino (CO) representa uma matéria-prima promissora devido ao seu baixo custo, baixa toxicidade, amigo do ambiente e à sua disponibilidade como recurso agrícola renovável.

O principal objetivo da presente investigação é preparar um tensioativo sulfonado à base de óleo de rícino e um tensioativo polimérico para aplicações EOR. Foi sintetizado um novo tensioativo utilizando o éster metílico do ácido ricinoleico (RAME), que é obtido a partir do óleo de rícino, para produzir o tensioativo de éster metílico sulfonado de sódio (SMES). O método de polimerização para a síntese de tensioativos poliméricos foi conduzido com um excesso de tensioativo em relação à acrilamida para reduzir a tensão interfacial e controlar a viscosidade. Para reduzir o custo da produção de tensioactivos poliméricos, tem sido dada muita atenção aos óleos não comestíveis derivados da agricultura como matérias-primas alternativas para as indústrias petrolíferas.

A caraterização dos tensioactivos SMES e PMES sintetizados foi realizada por vários métodos, tais como FTIR, TGA, DLS, EDX e FESEM para estudar as suas propriedades químicas, estruturais e de superfície. Os grupos funcionais químicos presentes no metil éster sulfonato de sódio (SMES) foram determinados por espectros FTIR. As imagens FESEM podem ser utilizadas para estudar a estrutura do grão e o empacotamento do grão de uma determinada amostra em várias ampliações. Os resultados do FESEM ilustram que as partículas de SMES e PMES se encontram em aglomerados ou numa forma aglomerada. Através da análise termogravimétrica, concluiu-se que o tensioativo SMES é termicamente estável à temperatura desejada do reservatório para a aplicação da recuperação melhorada de petróleo. Além disso, o éster metílico polimérico sulfonado mostrou uma boa estabilidade térmica à temperatura do reservatório, onde apenas se observou uma perda de massa de 11,1% (média). A presença de carbono (C), sódio (Na), oxigénio (O), azoto (N), cloreto (Cl) e enxofre (S) no surfactante polimérico é confirmada por análise EDX. As experiências de DLS mostram que o diâmetro hidrodinâmico aumenta com o aumento da concentração do tensioativo SMES devido à agregação das moléculas. A partir do diagrama de fases pseudoternárias do sistema óleo, co-surfactante/surfactante e água, foram identificadas três fases diferentes. O tensioativo polimérico sintetizado é de baixo custo de produção, amigo do ambiente e tem um potencial extraordinário para a recuperação química de petróleo.

Os estudos de alteração da molhabilidade foram realizados através da medição do ângulo de contacto no sistema rocha-petróleo bruto-água destilada por variação sistemática das concentrações de tensioactivos e da salinidade da água. O mecanismo de alteração da molhabilidade dos tensioactivos SMES e PMES na rocha de quartzo foi analisado nesta experiência. Com o decorrer do tempo, o ângulo de contacto diminui em ambos os tensioactivos e, após algum tempo, passa a ser inferior a 10°. Os resultados experimentais mostraram que tanto o SMES como o PMES são candidatos potenciais para alterar o estado inicial húmido de óleo da superfície do quartzo para húmido de água. A presença de sais na fase aquosa tem uma forte capacidade de aumentar a acumulação das espécies activas de superfície. Assim, tanto o SMES como o PMES apresentam boas propriedades molhantes.

A síntese de um novo tensioativo (SMES) e de um tensioativo polimérico (PMES) como agente químico para a recuperação de petróleo foi estudada através da medição da tensão interfacial (IFT) entre o petróleo bruto e uma solução aquosa de tensioactivos. Observou-se que a IFT diminui inicialmente com a concentração do tensioativo e do PMES. No entanto, após um determinado limite, o valor da IFT aumenta ligeiramente ou mantém-se constante. O valor da concentração de tensioativo para o qual a tensão interfacial é mínima é designado por "concentração micelar crítica (CMC)". Este comportamento é observado porque as duas moléculas de tensioativo começam a agregar-se neste valor de CMC e a formar micelas na maior parte da solução, restringindo ou minimizando assim a atividade interfacial. Como resultado, o valor do IFT após a CMC aumenta ou mantém-se constante. Verificou-se que o IFT diminui drasticamente com a adição de sal. A 25 °C, com o aumento da concentração de NaCl nas soluções SMES e PMES, a tensão interfacial diminui inicialmente e depois aumenta numa determinada concentração de sal NaCl. Isto é referido como salinidade óptima. Para além da salinidade óptima, a adição adicional de sal não tem efeitos ou tem efeitos prejudiciais na atividade interfacial. Por conseguinte, tanto o SMES como o PMES apresentam uma boa atividade superficial, reduzindo a tensão interfacial e a tensão superficial da solução de tensioativo.

Foram efectuados estudos reológicos para determinar a viscosidade, a tensão de cisalhamento e as propriedades viscoelásticas do PMES utilizando o conjunto copo e bob. A geometria de Ewart Mooney foi utilizada para obter dados em medições de viscosimetria e de modo oscilatório. Verificou-se também que a viscosidade diminui com o aumento da temperatura devido à diminuição das interacções coesivas. O aumento da concentração de tensioactivos poliméricos numa solução aquosa provoca um aumento da viscosidade e da tensão de corte sob taxas de deformação variáveis. O sistema PMES apresentou um comportamento newtoniano para taxas de cisalhamento até 50 s^{-1}. Quando a taxa de deformação é aumentada para além de 50 s^{-1}, verifica-se que o sistema apresenta características pseudoplásticas ou de diluição por cisalhamento. Este valor de viscosidade (50 s^{-1}) é conhecido como taxa de cisalhamento crítica. O resultado que retrata o comportamento pseudoplástico dos sistemas PMES foi corroborado pelos dados dos resultados experimentais e da análise do modelo da Lei da Potência. A determinação do módulo de armazenamento (G') e do módulo de perda (G'') foi efectuada por análise mecânica dinâmica para explicar as propriedades viscoelásticas dos sistemas PMES em condições oscilatórias. A identificação de valores de frequência específica (SF) para cada amostra de PMES significa o ponto de transição entre a fase viscosa e a fase elástica, e é, por si só, uma evidência da viscoelasticidade do sistema.

Foi efectuado um teste de inundação química com SMES e PMES para determinar a sua eficiência de recuperação através da utilização de métodos de inundação do núcleo. A injeção de 0,5 volume de poros (PV) de um projétil químico do tensioativo sintetizado e do tensioativo polimérico após a inundação com água resulta numa recuperação adicional significativa do petróleo. O uso de surfactante polimérico mostra uma recuperação adicional significativa após a inundação com água devido à redução da tensão interfacial entre o óleo, ao aumento da taxa de mobilidade e ao deslocamento do fluido e à consequente formação de um banco de óleo. A recuperação adicional após a inundação de água aumenta com o aumento da concentração do tensioativo polimérico. À medida que a solução de tensioativo polimérico é injectada, observa-se uma queda súbita no corte de água devido à diminuição da permeabilidade relativa à água e o corte de água aproxima-se então de 100% durante a inundação de água de perseguição.

Finalmente, as recomendações para trabalhos futuros também foram relatadas. As recomendações para trabalhos futuros incluem a formulação de microemulsões com o tensioativo sintetizado, a adsorção de SMES e PMES em superfícies rochosas, o enxerto de tensioactivos sintetizados com goma xantana, carboximetilcelulose e metilcelulose, a síntese de tensioactivos catiónicos e não iónicos a partir de óleo de rícino, etc.

CAPÍTULO-1

INTRODUÇÃO

1.1. Antecedentes

O petróleo bruto dá um contributo importante para a economia mundial. A produção de petróleo a partir de campos petrolíferos maduros está a diminuir de dia para dia. Este facto, por sua vez, obrigou a indústria petrolífera a recuperar petróleo de áreas mais complicadas, onde o petróleo é menos acessível, através de técnicas de recuperação avançadas. Tradicionalmente, as estratégias de produção de petróleo seguem os processos de recuperação primária, recuperação secundária e recuperação terciária. A recuperação primária utiliza a energia natural do reservatório para efetuar a deslocação do petróleo das rochas porosas para os poços de produção (Craft et al., 1991). Uma média de 10% a 20% do petróleo original no local (OOIP) pode ser recuperada através da recuperação primária. Os métodos de recuperação secundária são processos em que o petróleo é sujeito a uma deslocação imiscível com fluidos injectados, como a água ou o gás. Estima-se que cerca de trinta a cinquenta por cento do OOIP pode ser produzido ao longo de toda a vida de um reservatório maduro que tenha sido desenvolvido segundo métodos de recuperação primária e secundária (Green & Willhite, 1998). Após a recuperação primária e secundária, uma quantidade significativa de petróleo permanece retida nos meios porosos. Este facto é atribuído às forças superficiais e interfaciais (forças capilares), às forças de viscosidade e às heterogeneidades do reservatório, que resultam numa fraca eficiência de deslocamento (McDougall & Sorbie, 1993). O reconhecimento destes factos levou ao desenvolvimento e utilização de muitos métodos de recuperação avançada de petróleo (EOR). Os métodos EOR são promissores para a recuperação de uma parte significativa do petróleo remanescente após os métodos convencionais. O planeamento para melhorar ou reforçar as estratégias de produção de petróleo através de métodos EOR é um dos desafios mais críticos que a indústria enfrenta atualmente. Apercebendo-se do potencial significativo da EOR, a maioria das empresas petrolíferas embarcou numa viagem maciça para fazer avançar os processos de EOR. Foram desenvolvidas várias modificações dos métodos de EOR para recuperar pelo menos uma parte do petróleo remanescente (Zonglin Chu et al., 2013). Os processos térmicos são o tipo mais comum de EOR, em que uma fase invasora quente, como o vapor, a água quente ou um gás combustível, é injectada para aumentar a temperatura do petróleo e do gás no reservatório e facilitar o seu fluxo para os poços de produção (Elraies & Tan, 2012). Outro tipo de processo de EOR consiste na injeção de uma fase miscível com o petróleo e o gás no reservatório para eliminar os efeitos da tensão interfacial. A fase miscível pode ser um solvente de hidrocarbonetos, CO_2, ou um gás inerte (N_2). Outra técnica comum de EOR é a inundação química que inclui álcalis, tensioactivos e polímeros, ou as suas combinações. Os agentes alcalinos e tensioactivos injectados podem reduzir a tensão interfacial (IFT) entre o óleo e a água, mobilizando assim o óleo residual (Rosen et al., 2005). Os polímeros são utilizados para aumentar a viscosidade do fluido de deslocamento para controlo da mobilidade (Jennings et al., 1971).

A inundação química, que tem sido desenvolvida desde o início da década de 1950, é um método importante para melhorar a recuperação de petróleo que inclui a inundação de polímeros, a inundação de tensioactivos e a inundação de álcalis. A inundação por tensioactivos e as suas variantes são processos de EOR que têm sido utilizados para recuperar o petróleo residual após o processo de recuperação primária e secundária. A eficiência da EOR química é função das viscosidades dos líquidos, da permeabilidade relativa, das tensões interfaciais, da molhabilidade e das pressões capilares. Mesmo que todo o petróleo seja contactado pelos produtos químicos injectados, algum petróleo permanecerá no reservatório. Isto deve-se ao aprisionamento de gotículas de óleo por forças capilares devido à elevada tensão interfacial (IFT) entre a água e o óleo (Liu et al., 2008). O número capilar (Nc) é utilizado para expressar as forças que actuam sobre uma gota de óleo aprisionada num meio poroso. O Nc é uma função da velocidade de Darcy (v), da viscosidade (μ) da fase móvel e do IFT (σ) entre a fase móvel e a fase de óleo aprisionada (Berger & Lee, 2006). A equação 1 mostra a relação entre a velocidade de Darcy, a viscosidade e o IFT e o número capilar.

$$N_C = \frac{Viscous\ forces}{Capillary\ forces} = \frac{v\mu}{\sigma} \tag{1}$$

Durante a inundação química, é desejável um número capilar mais elevado para uma maior recuperação de petróleo. Um número capilar mais elevado reduz a saturação do óleo residual. A forma mais lógica de aumentar o número capilar é reduzir o IFT (Berger & Lee, 2006; Liu et al., 2008) e aumentar a viscosidade do fluido de deslocação (Sastry et al., 1999). A produção de tensão interfacial ultra-baixa é um fenómeno muito importante na recuperação de petróleo retido após a recuperação convencional de petróleo de reservatórios naturais. A alteração da molhabilidade da superfície da rocha é outra questão importante no mecanismo de recuperação de petróleo através da aplicação de tensioactivos. Para estes dois parâmetros muito sensíveis, como a tensão interfacial e o ângulo de contacto para a alteração da molhabilidade no mecanismo de recuperação de petróleo, são necessários tensioactivos adequados para uma aplicação potencial.

A seleção de tensioactivos adequados é um dos factores-chave para a aplicação da EOR química. O tensioativo deve ser estável nas condições do reservatório, resultando numa tensão interfacial ultra-baixa. Wangqi & Dave (2004) efectuaram uma triagem através de experiências de tensão interfacial utilizando diferentes tipos de tensioactivos e validaram-nas através de ensaios de inundação de núcleos. Os resultados do IFT mostraram uma ampla gama de redução do IFT, dependendo da concentração e do tipo de tensioativo. Flaaten et al. (2008) efectuaram a seleção e otimização de formulações de tensioactivos através do comportamento de fases de microemulsão utilizando várias combinações de tensioactivos, co-solventes e álcalis. Os propoxi sulfatos de álcool ramificado e os sulfonatos de olefinas internas demonstraram um desempenho superior quando misturados com álcalis convencionais (Aili Wang, et al., 2014)

O método químico mais utilizado para a recuperação de petróleo é a inundação de polímeros. A ideia básica subjacente à utilização de polímeros solúveis em água na operação de muitos campos petrolíferos e em vários processos de recuperação avançada de petróleo é reduzir a mobilidade da fase de deslocamento e, consequentemente, melhorar a eficiência da varredura (Walters et al., 1989; Jones et al., 1976). Os polímeros solúveis em água de elevado peso molecular a baixas concentrações aumentam significativamente a viscosidade da água. Assim, a diminuição do rácio de mobilidade aumenta consideravelmente a eficiência da varredura. Outro mecanismo aceite para a mobilidade do óleo remanescente médio após a inundação com água é que deve existir uma força viscosa bastante grande perpendicular à interface óleo-água para empurrar o óleo remanescente médio. Esta força deve superar as forças capilares que retêm o óleo remanescente médio para o mover, mobilizar e recuperar. Wang et al. (2000) estudaram o efeito viscoelástico das moléculas de polímeros retidas em meios porosos com base no processo de redução e acumulação de pressão. Propuseram que a eficiência da deslocação à micro-escala depende do padrão de fluxo e da magnitude da força viscosa paralela à interface óleo-água. Xia et al., (2001, 2004) consideraram que a viscoelasticidade do fluxo da solução polimérica era a principal causa do aumento da eficiência da deslocação do petróleo. Os processos químicos de EOR envolvem uma grande variedade de mecanismos, incluindo a utilização de polímeros e tensioactivos para alterar ou melhorar as propriedades dos fluidos dos reservatórios, tornando-os mais propícios à extração. A injeção de polímeros solúveis em água é amplamente utilizada na EOR devido à sua capacidade de melhorar a eficiência da varredura, reduzindo a mobilidade do meio de deslocamento (Mishra et al., 2014, Lucia Ya. Zakharova et al., 2016).

A inundação de surfactantes pode reduzir significativamente a tensão interfacial óleo-água, diminuir as forças capilares e facilitar a alteração da molhabilidade para melhorar a recuperação de petróleo (Bai et al., 2014; Bera et al., 2012; Samanta et al., 2011). Os tensioactivos comerciais existentes são, na sua maioria, compostos de degradação lenta e nocivos para o ambiente ou para os seres humanos. O custo dos tensioactivos comerciais é também um obstáculo à sua aplicação na recuperação avançada de petróleo. Muitos tensioactivos são produzidos a partir de óleos naturais, que podem ser aplicados com êxito na recuperação avançada de petróleo devido à sua capacidade de reduzir consideravelmente a tensão interfacial. Devem combinar uma elevada compatibilidade electrolítica com uma elevada estabilidade à hidrólise (Elraies et al., 2010).

Por vezes, a utilização simultânea de um tensioativo e de um polímero é rentável e a formulação e conceção adequadas são também muito complicadas, podendo ocorrer uma separação indesejável das fases devido a uma mistura inadequada. Há um interesse crescente na síntese de tensioactivos poliméricos feitos por medida. Embora necessariamente menos bem definidos do que os tensioactivos de pequenas moléculas, os tensioactivos poliméricos oferecem provavelmente maiores oportunidades em termos de flexibilidade, diversidade e funcionalidade (Xia et al., 2001). A ideia de base para sintetizar os tensioactivos poliméricos consiste em ligar diferentes grupos funcionais do polímero a um grupo hidrofóbico de um monómero tensoactivo, segundo métodos normalizados e na presença de um iniciador. Cao e Li (2002) sintetizaram uma nova série de tensioactivos poliméricos à base de carboximetilcelulose e acrilato de alquilo poli(eteroxi) com um valor IFT de cerca de 1 mN/m. Ye et al. (2004) relataram a síntese de um novo éster metílico polimérico sulfonado (PMES) através de um processo de polimerização. Entre os óleos vegetais, o óleo de rícino (CO) representa uma matéria-prima promissora devido ao seu baixo custo, baixa toxicidade, amigo do ambiente e à sua disponibilidade como recurso agrícola renovável. O ácido ricinoleico (ácido 12-hidroxi-cis-9-octadecenóico), que combina grupos hidroxilo e insaturações, está presente no óleo de rícino até 85-90% (Baber et al., 2002). A forma hidrogenada do ácido gordo é o éster metílico do ácido ricinoleico (RAME). Recentemente, foram relatados alguns trabalhos interessantes sobre a síntese de tensioactivos poliméricos para a sua aplicação na recuperação melhorada de petróleo (Elraies et al., 2011; Cao et al., 2002). A principal vantagem do tensioativo polimérico é que tem a capacidade de melhorar o rácio de mobilidade e reduzir a tensão interfacial. Assim, a injeção de apenas um produto químico é suficiente para uma recuperação significativa de petróleo. O tensioativo polimérico, sintetizado através de um enxerto adequado de tensioativo com polímero, engloba os efeitos benéficos da inundação de polímero e de tensioativo. Para além da relação custo-eficácia, os tensioactivos poliméricos permitem um bom controlo da mobilidade e diminuem a tensão interfacial, melhorando assim a recuperação de petróleo através do aumento do fluxo fraccionado de petróleo (Sastry et al., 1999). Podem ser utilizados vários métodos sintéticos para introduzir cadeias de enxerto na superfície do polímero (Uchida & Ikada, 1996) ou na espinha dorsal do polímero (Kato et al., 2003).

O alagamento com surfactantes poliméricos melhora a viscosidade do fluido de deslocamento no reservatório, aumentando assim a eficiência da varredura (deslocamento) vertical e areal. A eficácia e viabilidade económica da EOR por inundação está relacionada com a injectividade ou taxa de injeção, que por sua vez está dependente da viscosidade do fluido injetado (Lake, 1989, Gonçalves, et al., 2015). A viscosidade é controlada por um conjunto de factores como a temperatura, concentração, presença de sais (Clifford, 1985 e Dong, 2008). Normalmente, o comportamento pseudoplástico exibido pelos sistemas poliméricos é considerado benéfico a taxas de cisalhamento mais elevadas, uma vez que a viscosidade perto do poço de injeção é reduzida, o que proporciona uma melhor injectividade (Lee et al., 2011). No entanto, são desejadas viscosidades mais elevadas quando o tensioativo polimérico injetado se desloca para o interior do reservatório para atingir o rácio de mobilidade desejado (Lee, 2011; Sastry et al., 1999). Estudos recentes indicam que a viscoelasticidade é também uma propriedade importante dos sistemas poliméricos que contribui para varrer o óleo residual nas extremidades dos poros e a película de óleo nos poros ou gargantas dos poros, ajudando assim a melhorar a eficiência da varredura (Zhao et al., 2004).

O planeamento para melhorar ou reforçar as estratégias de produção de petróleo através de métodos de recuperação avançada de petróleo (EOR) é um dos desafios mais críticos que a indústria enfrenta atualmente. A recuperação melhorada de petróleo não só prolongará a vida deste importante recurso não renovável, como também atrasará o declínio da produção mundial e a escassez do abastecimento de energia.

1.2. Objectivos

Tendo em conta a importância da viscosidade e da redução do IFT óleo-água na EOR, o presente trabalho foi realizado para investigar os aspectos benéficos dos tensioactivos sintetizados e dos tensioactivos poliméricos, nomeadamente a sua capacidade de reduzir o IFT óleo-água e o controlo da viscosidade. É também importante estudar a alteração da molhabilidade da superfície da rocha, de húmida em óleo para húmida em água, através da utilização de tensioactivos e de tensioactivos poliméricos. Os estudos sobre as propriedades físico-químicas e o comportamento de fase dos sistemas de microemulsão tornaram-se extremamente atractivos nas técnicas de EOR por inundação de microemulsão. Os objectivos incluem também a inundação de alguns pacotes de areia com diferentes formulações de microemulsões e de slugs de surfactantes para estudar a recuperação incremental de petróleo. O objetivo básico do plano de investigação é a síntese e a caraterização de um novo tensioativo e de um tensioativo polimérico para a recuperação química melhorada de petróleo. O tensioativo polimérico é aniónico, amigo do ambiente e de baixo custo. O âmbito do estudo inclui:

- Seleção de produtos químicos adequados

- Síntese de metil éster sulfonato de sódio (SMES) a partir de óleo de rícino

- Caracterização do surfactante SMES sintetizado

- Caracterização das amostras de petróleo bruto e de rocha reservatório

- Investigação experimental sobre a redução da tensão superficial e do IFT por SMES

- Síntese de um novo tensioativo polimérico (PMES)

- Caracterização do surfactante polimérico (PMES)

- Propriedades físico-químicas do tensioativo polimérico

- Estudos reológicos do surfactante polimérico sintetizado.

- Estudos experimentais sobre a alteração da molhabilidade através da medição do ângulo de contacto utilizando SMES e PMES

- Efeito da salinidade no IFT, no ângulo de contacto e na reologia do tensioativo ou do polímero

- Inundação de pacotes de areia com projecções de tensioativo e de tensioativo polimérico para determinar a quantidade de óleo adicional recuperado após a inundação com água

1.3. Metodologia

O metil éster sulfonato de sódio (SMES) foi sintetizado pelo processo de sulfonação envolvendo o éster metílico do ácido ricinoleico (presente no óleo de rícino) e o ácido clorossulfónico. Após a síntese do tensioativo SMES ter sido concluída, um novo tensioativo polimérico (PMES) foi derivado por polimerização do éster metílico sulfonato de sódio (SMES) com monómero de acrilamida. Os tensioactivos SMES e PMES sintetizados foram caracterizados por análises FTIR, TGA, DLS, EDX e FE-SEM. A medição das propriedades físico-químicas do tensioativo SMES mostra que este reduz significativamente a tensão superficial da sua solução aquosa. Reduz a IFT entre o óleo e a água para um valor ultra-baixo. A utilização do tensioativo SMES altera a molhabilidade de óleo húmido para água húmida, aumentando assim a recuperação de petróleo. Foi igualmente estudada a capacidade do tensioativo para formar microemulsões, o que também aumenta a recuperação de petróleo.

O tensioativo polimérico apresenta as propriedades de um tensioativo e de um polímero. As propriedades físico-químicas do PMES revelam que é um bom substituto da utilização de polímeros e tensioactivos na recuperação de petróleo. À semelhança do tensioativo SMES, o tensioativo PMES também reduz a tensão superficial e o IFT óleo/água. Além disso, também aumenta a viscosidade da sua solução aquosa. Assim, a utilização de PMES pode melhorar significativamente o rácio de mobilidade durante a inundação. Os IFTs óleo-água foram medidos por um tensiómetro de vídeo de gota giratória (DataPhysics, Alemanha, Modelo No. SVT 15N) a diferentes temperaturas.

Os efeitos das soluções de tensioactivos SMES e poliméricos (PMES) na alteração da molhabilidade foram determinados através de medições do ângulo de contacto. As experiências de inundação química foram efectuadas num aparelho de suporte de núcleo. A recuperação adicional de petróleo em relação à inundação convencional com água foi estudada injectando uma composição pré-requisito de soluções de tensioactivos SMES e PMES.

1.4. Programa de investigação

Uma inspeção da recuperação química de petróleo melhorada através do controlo da viscosidade e da redução do IFT entre o óleo e a água com a aplicação de tensioactivos SMES e PMES realça o presente trabalho da seguinte forma.

- Síntese de surfactante (SMES) a partir do óleo de mamona e sua caraterização. Entre os óleos vegetais, o óleo de rícino (CO) representa uma matéria-prima promissora devido ao seu baixo custo, baixa toxicidade e à sua disponibilidade como recurso agrícola renovável. O óleo de rícino contém ácido ricinoleico (ácido 12-hidroxi-cis-9-octadecenóico) com grupos hidroxilo e insaturações (Baber et al., 2002). O ácido ricinoleico (AR) está presente no óleo de rícino até 85-90%. O éster metílico sulfonato de sódio foi preparado através da reação do éster metílico do ácido ricinoleico (RAME) com ácido clorossulfónico.

- Foi feita uma revisão exaustiva da literatura sobre a síntese de diferentes tensioactivos e tensioactivos poliméricos, juntamente com a sua caraterização. Foi apresentada uma breve discussão sobre o mecanismo de IFT e os factores que afectam o IFT entre sistemas óleo-água. O mecanismo de alteração da molhabilidade e os diferentes factores que influenciam a alteração da molhabilidade também foram aqui discutidos. A reologia dos polímeros e dos tensioactivos poliméricos foi discutida com referências adequadas. Foi também apresentada uma breve revisão sobre a inundação química com diferentes tensioactivos e polímeros.

- A síntese de um novo surfactante polimérico a partir do surfactante acima referido (SMES) e do monómero de acrilamida e a sua caraterização foram discutidas. A polimerização foi conduzida com diferentes proporções de peso de tensioativo e acrilamida. Os pesos moleculares foram avaliados a partir de dados de viscosidade intrínseca de diferentes tensioactivos poliméricos utilizando a equação de Mark-Houwink. O tensioativo polimérico sintetizado foi caracterizado por radiação infravermelha com transformada de Fourier (FTIR), microscopia eletrónica de varrimento de emissão de campo (FESEM), raios X dispersivos em energia (EDX), análise termogravimétrica (TGA) e análise dinâmica de dispersão de luz (DLS). A adequação do tensioativo polimérico como agente de inundação química foi então estudada através da medição do seu comportamento reológico e propriedades interfaciais em solução aquosa e alteração da molhabilidade.

• As soluções sintetizadas de tensioactivos e de tensioactivos poliméricos e a superfície de quartzo foram medidas por um goniómetro de ângulo de contacto (Drop shape Analyzer DSA25, Kruss, Alemanha) à temperatura de 27 °C para avaliar a alteração da molhabilidade. Os resultados experimentais mostraram que tanto o SMES como o PMES são candidatos potenciais para alterar o estado inicial de humidade do óleo da superfície de quartzo para humidade de água. O mecanismo responsável pela alteração da molhabilidade da superfície da rocha (quartzo) na presença dos tensioactivos SMES e PMES foi discutido com a análise FTIR. Foi relatado o efeito da salinidade do tensioativo e das soluções de tensioactivos poliméricos na redução do ângulo de contacto.

• Foi efectuada a redução da tensão interfacial (IFT) entre o petróleo bruto e a água através de um tensioativo sintetizado (SMES) e de um tensioativo polimérico (PMES). O efeito da salinidade na IFT entre o petróleo bruto e a água foi investigado para estudar a interação entre a água salgada e o petróleo bruto em diferentes concentrações. O desempenho do SMES foi estudado através da medição da tensão superficial e da tensão interfacial com e sem cloreto de sódio (NaCl). A SMES apresentou uma boa atividade superficial, reduzindo a tensão interfacial e a tensão superficial da solução de surfactante. O tensioativo polimérico sintetizado (PMES) como agente químico para melhorar a recuperação de petróleo foi também estudado através da medição da tensão interfacial (IFT) entre o petróleo bruto e a solução de PMES. Verificou-se que a adição de cloreto de sódio à solução de PMES reduz a IFT para um valor ultra-baixo.

• Foi efectuada uma investigação experimental sobre a reologia do tensioativo polimérico. Tendo em conta o objetivo básico de melhorar a recuperação de petróleo através do aumento da eficiência da varredura, a atenção centrou-se principalmente na obtenção de uma viscosidade mais elevada e de um melhor controlo da mobilidade dos tensioactivos poliméricos (PMES) com diferentes rácios de acrilamida/sulfonato a concentrações semelhantes. Os efeitos da temperatura, da concentração e da adição de sal na viscosidade, na tensão de cisalhamento e nas propriedades viscoelásticas foram estudados exaustivamente para determinar a adequação do tensioativo polimérico como um agente de inundação química eficaz. Os parâmetros do modelo reológico da solução de tensioativo polimérico foram também medidos pelo modelo da lei da potência. A determinação do módulo de armazenamento (G') e do módulo de perda (G") foi efectuada por análise mecânica dinâmica para explicar as propriedades viscoelásticas dos sistemas PMES.

• Foi realizada uma série de experiências de inundação química no laboratório, utilizando pacotes de areia com projecções químicas de tensioativo SMES e de tensioativo polimérico em diferentes concentrações.

O petróleo bruto recolhido no campo petrolífero de Ahmedabad (Índia) foi utilizado como fluido deslocado para experiências de inundação. Foram observadas recuperações adicionais substanciais de petróleo em comparação com a inundação convencional com água, utilizando diferentes projecções químicas.

CAPÍTULO 2

REVISÃO DA LITERATURA

2.1. Técnicas de recuperação de petróleo

Atualmente, a maior parte dos reservatórios de petróleo do mundo encontra-se em estado de maturidade, com baixas taxas de produção de petróleo. As novas descobertas de campos de petróleo convencionais estão a diminuir, enquanto a procura de petróleo aumenta de dia para dia, particularmente nos países desenvolvidos e em desenvolvimento. Assim, os projectos de recuperação avançada de petróleo (EOR) são fortemente influenciados pela economia, pelo tipo de reservatório de petróleo e pelo preço do petróleo bruto. O processo de recuperação de petróleo consiste em três etapas de recuperação, tais como o método de recuperação primária, secundária e terciária (Gurgel et al., 2008). Na primeira fase da produção de petróleo, os accionamentos naturais do reservatório são utilizados para recuperar os hidrocarbonetos. Devido à diferença de pressão no interior do reservatório e no fundo do poço, os hidrocarbonetos são conduzidos em direção ao poço e à superfície. Durante a recuperação primária, normalmente apenas 5-15% dos hidrocarbonetos iniciais são produzidos a partir de reservatórios de petróleo (Castor et al., 1981; Gurgel et al., 2008; Iglauer et al., 2010). Como a pressão do reservatório cai em direção ao ponto de bolha do petróleo, a injeção de água ou gás no reservatório é a forma habitual de manter a pressão do reservatório durante a produção. Esta fase do processo de produção de petróleo é designada por recuperação secundária. A recuperação de petróleo por este processo é de cerca de 30-40% do petróleo original no local (OOIP) (Farouq-Ali e Stahl, 1970; Austad et al., 1996; Babadagli, 2006; Flaaten et al., 2008). Quando a água é injectada, mantém a pressão do reservatório acima do ponto de bolha, assegurando que nenhum gás é libertado no reservatório e mantendo assim uma permeabilidade relativamente elevada para o petróleo. Em segundo lugar, empurra o petróleo à frente da água em direção ao poço de produção. Após os processos convencionais de inundação de água, o óleo residual no reservatório permanece como uma fase descontínua na forma de gotas de óleo presas por forças capilares e é provável que seja cerca de 60-70% OOIP (Dosher e Wise, 1976; Pope, 1978; Nazar et al., 2011). A recuperação terciária de petróleo utiliza vários métodos adicionais que são por vezes dispendiosos e imprevisíveis. Apesar deste inconveniente, a conceção e aplicação adequadas dos processos de EOR podem aumentar a recuperação de petróleo até 30-60% do total de um campo petrolífero após a recuperação secundária. Qualquer processo que envolva a injeção de um fluido ou fluidos num reservatório para suplementar a energia natural presente num reservatório, em que os fluidos injectados interagem com o sistema rocha/óleo/solução do reservatório para criar condições favoráveis à recuperação máxima de petróleo é conhecido como um processo de EOR (Green e Willhite, 1998). Muitas técnicas de EOR estão a ser experimentadas em todo o mundo para mitigar esses problemas. Estas ligações encorajadoras destinam-se a maximizar a recuperação de petróleo através do inchaço do óleo, da redução do IFT, da melhoria do rácio de mobilidade, da modificação da molhabilidade da rocha e do comportamento favorável das fases.

2.2. Classificação das técnicas de recuperação avançada de petróleo (EOR)

Os métodos EOR podem ser frequentemente classificados em três grandes famílias principais, como a injeção química, térmica e de gás (Taber et al., 1997; Shandrygin e Lutfullin, 2008). O diagrama esquemático simplificado e orientado para os materiais da classificação dos métodos de EOR é apresentado na Figura 2.1 (Lake et al., 1992; Venuto, 1989). Uma das maiores vantagens desta classificação é o facto de a interpretação de cada grupo ser aparentemente transparente e fácil de compreender. Por exemplo, "a definição dos métodos químicos de EOR é dada como os métodos que se baseiam na injeção de compostos químicos". Do mesmo modo, os "métodos térmicos são aqueles que se baseiam na modificação da temperatura do reservatório" (Schamel e Deo, 2000; Nasr e Ayodele, 2005; Alomair et al., 2012). A armadilha desta abordagem pode ser o facto de conduzir a mal-entendidos e a um mau manuseamento. Uma implicação grosseira, que encontramos frequentemente, é que os factores, reacções e processos químicos não desempenham um papel positivo na recuperação térmica e nos métodos de injeção de gás. Os métodos de injeção de gás têm o seu maior potencial para melhorar a recuperação de óleos de baixa viscosidade. Entre estes métodos, espera-se que a inundação miscível de dióxido de carbono (CO_2) em grande escala dê o maior contributo para a recuperação de petróleo miscível no futuro (Srivastava et al., 1999; Shedid et al., 2007; Odi et al., 2010). A intenção dos métodos de recuperação avançada de petróleo é (1) melhorar a eficiência da varredura, reduzindo a razão de mobilidade entre os fluidos injectados e os fluidos no local, (2) eliminar ou reduzir as forças capilares e interfaciais, melhorando assim a eficiência do deslocamento, e (3) atuar em ambos os fenómenos simultaneamente.

Métodos EOR

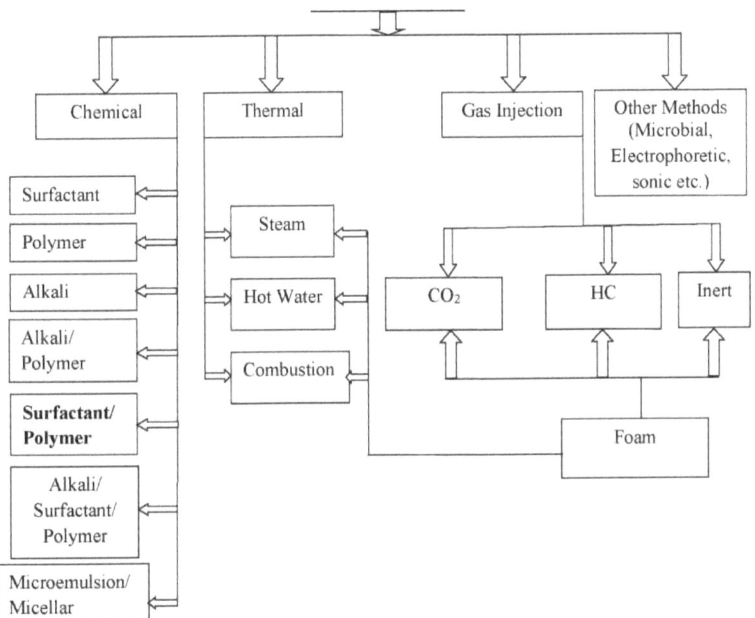

Figura 2.1. Classificação simplificada dos métodos de recuperação avançada de petróleo (Schmidt, 1990)

A inundação química envolve a injeção de produtos químicos no reservatório como forma de melhorar a recuperação de petróleo. Os métodos químicos de recuperação avançada de petróleo caracterizam-se pela adição de produtos químicos ao fluido de deslocamento para melhorar a taxa de mobilidade, a redução do IFT e a alteração da molhabilidade. A inundação de polímeros, utilizando poliacrilamida ou polissacáridos, é concetualmente simples e barata, e a sua utilização comercial está a aumentar, apesar de aumentar a produção potencial apenas em pequenos incrementos. A inundação com surfactantes é complexa, exigindo testes laboratoriais para apoiar a conceção de projetos no terreno. É também dispendioso e é utilizado em poucos projectos de grande escala. A inundação alcalina tem sido utilizada apenas nos reservatórios que contêm tipos específicos de petróleos brutos com elevado número de ácidos. A inundação química é uma forma muito eficaz de aumentar a recuperação adicional de petróleo do que as outras, devido à obtenção de uma tensão interfacial ultra-baixa entre a fase de óleo e a fase de água. A Figura 2.2 apresenta um esquema da técnica de inundação química para a recuperação adicional de petróleo.

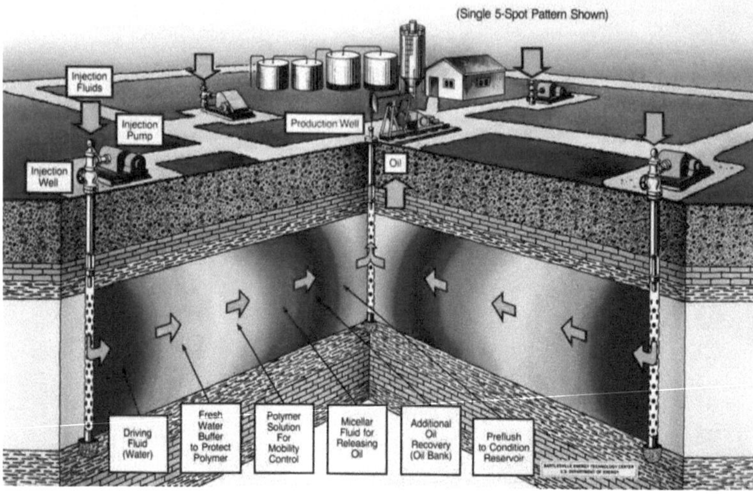

Figura 2.2. Técnica de inundação química para recuperação avançada de petróleo, cortesia do Departamento de Energia (DOE), EUA

2.3. Aplicação de surfactantes em EOR

Surfactante é uma abreviatura de agente ativo de superfície, que significa literalmente ativo numa superfície. Por outras palavras, um tensioativo é caracterizado pela sua tendência para absorver em superfícies e interfaces. O termo interface designa uma fronteira entre duas fases imiscíveis e o termo superfície indica que uma das fases é um gás, normalmente o ar. Os tensioactivos são moléculas anfifílicas com, pelo menos, um grupo hidrofílico e um grupo hidrofóbico que têm diferentes afinidades com a água. A molécula de tensioativo é geralmente apresentada sob a forma de um símbolo de "girino". É constituída por uma porção lipofílica (grupo hidrocarboneto) e por uma porção hidrofílica (grupo polar), que são as porções não polar (cauda) e polar (cabeça), respetivamente, como mostra a Figura 2.3. A cadeia de hidrocarbonetos pode ser saturada ou insaturada, reta, ramificada ou aromática. A hidrofilicidade de um tensioativo é determinada pela estrutura da cabeça e da cauda, por exemplo, o comprimento da cadeia hidrocarbonada, o número de ramificações na cadeia, etc., e os grupos funcionais, por exemplo, o grupo etoxilado ou o grupo propoxilado, etc. Os tensioactivos são energeticamente favoráveis à sua localização na interface, em vez de na fase a granel (Miller e Neogi, 1985). As moléculas de tensioactivos preferem agregar-se em soluções para formar fases tais como soluções micelares, microemulsões e cristais líquidos liotrópicos para além da CMC.

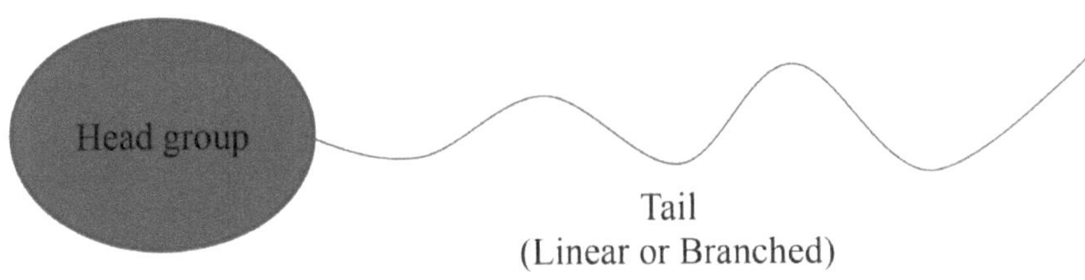

Figura 2.3. Diagrama esquemático de uma molécula de surfactante (Green e Willhite, 1998)

Os tensioactivos são geralmente classificados de acordo com a carga do grupo hidrofílico na molécula. São classificados em quatro classes principais, tais como aniónicos, catiónicos, não iónicos e zwitteriónicos. A classificação mais aceite e cientificamente sólida dos tensioactivos baseia-se na sua dissociação na água.

(a) Tensioactivos aniónicos: - Os tensioactivos aniónicos dissociam-se na água num anião anfifílico e num catião, que é, em geral, um metal alcalino (Na+, K+) ou um amónio quaternário. São os tensioactivos mais utilizados. Incluem os alquil-benzeno sulfonatos (detergentes), os sabões (de ácidos gordos), o lauril sulfato (agente espumante), o di-alquilsulfossuccinato (agente molhante) e os lignossulfonatos (dispersantes). A produção de tensioactivos aniónicos representa cerca de 50% da produção industrial global (Green e Willhite, 1998).

(b) Tensioactivos não-iónicos: - Se a parte hidrofílica de um tensioativo for eletricamente neutra, o tensioativo é designado por tensioativo não-iónico. Os álcoois secundários etoxilados [RCH2 (OCH_2CH_2)n OH] são principalmente os tensioactivos não iónicos. Não se ionizam em solução aquosa, porque o seu grupo hidrofílico é de tipo não dissociável, como o álcool, o fenol, o éter, o éster ou a amida. Uma grande parte destes tensioactivos não-iónicos é tornada hidrofílica pela presença de uma cadeia de polietilenoglicol, obtida por policondensação do óxido de etileno. São denominados não-iónicos polietoxilados. A produção de tensioactivos não iónicos representa cerca de 45% da produção industrial global (Gupta e Mohanty, 2007).

(c) Tensioactivos catiónicos: - Se o grupo principal tiver uma carga positiva, é designado por tensioativo catiónico. Os sais de amónio quaternário [$RNCH_3$)$_3^+$ Br⁻], as aminas primárias de cadeia longa [RNH_3^+ Cl⁻] são alguns dos tensioactivos catiónicos importantes (Standnes e Austad, 2002). Uma grande parte desta classe corresponde a compostos azotados, tais como sais de aminas gordas e amónios quaternários, com uma ou várias cadeias longas do tipo alquilo, frequentemente provenientes de ácidos gordos naturais. Estes tensioactivos são aniónicos e o ião de carga mais negativa desloca-se para o ânodo durante a análise.

(d) Tensioativo zwitter-iónico: - Por vezes, o tensioativo pode também conter grupos carregados positiva e negativamente nas mesmas moléculas, sendo então classificados como tensioactivos zwitter-iónicos. São também designados por tensioactivos anfotéricos. Um dos tensioactivos zwitter-iónicos é a sulfobetaína [RN^+ (CH_3)$_2$(CH_2)nSO_3^-]. A representação esquemática dos diferentes tipos de tensioactivos (aniónicos, não-iónicos, catiónicos e zwitteriónicos, respetivamente) está representada na figura 2.4.

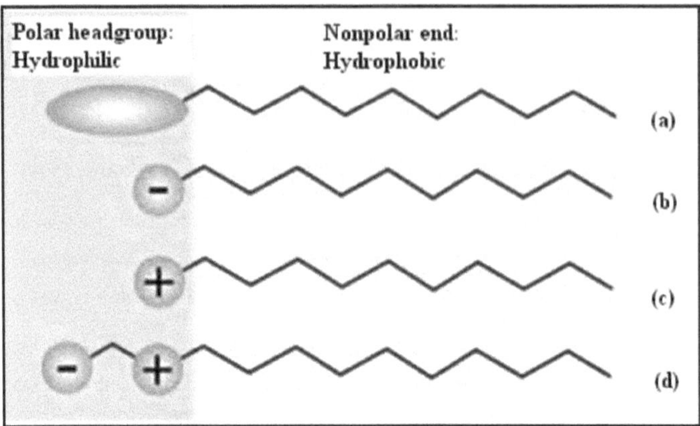

Figura 2.4. Diagramas estruturais esquemáticos de diferentes moléculas de tensioactivos: (a) não-iónico; (b) aniónico; (c) catiónico; e (d) zwitter-iónico (Akstinat, 1981)

Os tensioactivos são compostos anfifílicos produzidos por uma variedade de microrganismos. Os tensioactivos têm propriedades únicas de redução das tensões superficiais e interfaciais (Banat 1995, Rahman et al., 2002). Com a crescente sensibilização dos consumidores para compostos amigos do ambiente, vários fabricantes de tensioactivos entraram no mercado da indústria dos tensioactivos. Os tensioactivos são bem conhecidos e estão bem documentados pelo seu papel na melhoria da emulsificação dos hidrocarbonetos e na potencial solubilização dos contaminantes de hidrocarbonetos. Embora os cientistas estejam empenhados em substituir os tensioactivos químicos por tensioactivos poliméricos, o verdadeiro estrangulamento continua a residir no elevado custo de produção destes tensioactivos (Aili Wang et al., 2014, Eram Sharmina, et al., 2015). Com a aplicação das mais recentes tecnologias de sequenciação do genoma, estão a ser criadas estirpes recombinantes, não patogénicas e de elevado rendimento. Com a utilização de fontes de carbono renováveis e de baixo custo, os rendimentos estão a ser aumentados, reduzindo os custos através do aumento da produção.

2.4. Aplicação de tensioactivos poliméricos em EOR

Recentemente, foram publicados alguns trabalhos interessantes sobre a síntese de tensioactivos poliméricos para a sua aplicação na recuperação avançada de petróleo (Cao e Li, 2002; Elraies et al., 2011). As principais vantagens dos tensioactivos poliméricos são a sua capacidade de melhorar o rácio de mobilidade e a redução da tensão interfacial. Assim, a injeção de apenas um produto químico é suficiente para uma recuperação significativa de petróleo.

Cao e Li (2002) sintetizaram uma nova família de tensioactivos poliméricos à base de carboximetilcelulose e poli (eteroxi) acrilato de alquilo. A principal vantagem dos tensioactivos poliméricos é que, para além da redução do IFT, também aumentam a viscosidade da solução, o que é muito importante para aumentar a eficiência da varredura na recuperação de petróleo. Estes novos tensioactivos poliméricos foram muito eficazes na redução da tensão interfacial até 10-3 mN/m devido às suas estruturas moleculares únicas. Zhao et al. (2005) estudaram o comportamento dinâmico da tensão interfacial do petróleo bruto e do sistema de surfactantes de sulfonato de octilmetilnaftaleno. O tensioativo de sulfonato de octilmetilnaftaleno de componente único sintetizado em laboratório pode reduzir a tensão interfacial até 10-6 mN/m mesmo a uma concentração muito baixa (de 0,006 a 0,008 % em massa) com uma salinidade óptima. Mais tarde, Zhao et al. (2006) voltaram a sintetizar um novo tensioativo e referiram que o metilnaftaleno sulfonato de 14 alquilo sintetizado pode atingir uma tensão interfacial ultrabaixa entre as interfaces óleo cru-água de Shengli a baixa concentração. Zhang et al. (2012) estudaram a atividade interfacial do surfactante humato de sódio modificado hidrofobicamente. O tensioativo preparado apresentou uma tensão interfacial ultra-baixa entre óleo e água. Eles relataram que a tensão interfacial da interface pode ser reduzida para 10^{-1} mN / m por surfactantes de sódio de ácido húmico modificados hidrofobicamente sozinhos, mas com a adição de Nii3PO.| I2I I.'O ao sistema C10-HANa / óleo cru, as tensões interfaciais da interface óleo-água podem ser reduzidas para 10^{4} mN / m. Isto é principalmente devido à mudança do coeficiente de partição do surfactante, que pode produzir uma melhor ação sinérgica com C10-HANa. Por conseguinte, os tensioactivos poliméricos sintetizados têm uma ação diferente na redução da tensão interfacial devido à incorporação de novos grupos na estrutura principal.

2.5. Síntese do tensioativo e do tensioativo polimérico

Os tensioactivos podem ser produzidos por vários microrganismos que utilizam óleo de soja ou resíduos de óleo como substratos. Foram produzidos diferentes tipos de bio-surfactantes (por exemplo, ramnolípido, soforolípido e lípido de manosileritritol) (Muthusamy et al., 2008). Atualmente, o óleo de soja é a matéria-prima predominante utilizada no fabrico de tensioactivos à base de soja (Rust & Wildes, 2008). O óleo de soja é uma mistura de triglicéridos constituída por um baixo teor de gordura saturada (15%) e um elevado teor de gordura insaturada (61% poli-insaturada, 24% monoinsaturada). Foram feitos esforços para explorar novas aplicações do óleo de soja para melhorar a sua reatividade através de modificações. Os tensioactivos poliméricos também podem ser sintetizados a partir de óleo de soja epoxidado (ESO) através de um procedimento em duas fases. A porção oxirânica do ESO é aberta em cloreto de metileno ou num meio benigno, como o acetato de etilo, utilizando um iniciador catiónico (BF3·OEt2). O polímero resultante é hidrolisado com uma base para remover a espinha dorsal de glicerina da estrutura do óleo e obter um polímero com grupos de ácido carboxílico livres. O poliácido resultante é então convertido em polissabão, neutralizando-o com uma base apropriada (NaOH) (Biresaw et al., 2008; Liu & Erhan, 2010).

Elraies et al. (2010) relataram a síntese de um novo surfactante a partir do óleo de Jetropha. Foi utilizada uma via de passo único para sintetizar o metil éster sulfonato de sódio (SMES) para aplicação na recuperação de petróleo. O desempenho do surfactante resultante foi estudado através da medição da tensão interfacial entre a solução de surfactante e o petróleo bruto e a sua estabilidade térmica à temperatura do reservatório. O SMES mostrou uma boa atividade superficial, reduzindo a tensão interfacial entre a solução de surfactante e o petróleo bruto de 18,4 para 3,92 mN/m. A análise térmica do SMES indica que foi observada uma perda de peso de 26,1% entre 70 °C e 500 °C. Posteriormente, Elraies et al. (2010) também produziram um tensioativo polimérico através de um processo de polimerização por enxerto utilizando várias proporções de tensioativo para acrilamida. Este tensioativo foi concebido para enxertar o grupo sulfonado na espinha dorsal do polímero como um sistema de um componente para a redução da tensão interfacial (IFT) e o controlo da viscosidade. O desempenho dos tensioactivos resultantes foi estudado na presença e ausência de carbonato de sódio como agente alcalino à temperatura do reservatório de 90 °C.

Os tensioactivos também podem ser sintetizados a partir do óleo de rícino. O óleo de rícino é um óleo vegetal não comestível obtido a partir da semente de rícino (tecnicamente, semente de rícino, uma vez que a planta de rícino, Ricinus communis, não é um membro da família dos feijões). O óleo de rícino é um líquido incolor a amarelo muito pálido, com um odor ou sabor suave ou nulo. O seu ponto de ebulição é de 313 °C e a sua densidade é de 0,961 g/cc. É um triglicérido em que cerca de noventa por cento das cadeias de ácidos gordos são de ácido ricinoleico. Os ácidos oleico e linoleico são os outros componentes significativos. O ácido ricinoleico, um ácido gordo monoinsaturado com 18 carbonos, é invulgar na medida em que tem um grupo funcional hidroxilo no décimo segundo carbono. Este grupo funcional faz com que o ácido ricinoleico (óleo de rícino) seja invulgarmente polar e também permite uma derivação química que não é prática na maioria dos outros óleos de sementes. É o grupo hidroxilo que torna o óleo de rícino e o ácido ricinoleico valiosos como matérias-primas químicas. Os principais componentes do óleo de rícino são apresentados no quadro 2.1. A estrutura química do ácido ricinoleico, o principal componente do óleo de rícino, é apresentada na Figura 2.5.

Tabela 2.1. Composição dos ácidos gordos do óleo de rícino (Hatice e Michael, 2010)

Composição média do óleo de rícino/ácido gordo	
Nome do ácido	Intervalo percentual médio
Ácido ricinoleico	85-95
Ácido oleico	6-2
Ácido linoleico	5-1
Ácido linolénico	1-0.5
Ácido esteárico	1-0.5
Ácido palmítico	1-0.5
Ácido di-hidroxisteárico	0.5-0.3
Outros	0.5-0.2

Os tensioactivos comerciais existentes baseiam-se principalmente em compostos lentamente degradáveis e, em alguns casos, eles ou os seus produtos de degradação podem tornar-se nocivos para o ambiente ou para os seres humanos. O custo dos tensioactivos comerciais constitui também um obstáculo à sua aplicação na recuperação avançada de petróleo. Muitos tensioactivos são produzidos a partir de óleos naturais, que podem ser aplicados com êxito na recuperação avançada de petróleo devido à sua capacidade de reduzir consideravelmente a tensão interfacial. Devem combinar uma elevada compatibilidade electrolítica com uma elevada estabilidade à hidrólise (Elraies et al., 2010).

No presente estudo, o óleo de rícino foi escolhido como matéria-prima para a síntese de metil éster sulfonato de sódio. Entre os óleos vegetais, o óleo de rícino (CO) representa uma matéria-prima promissora devido ao seu baixo custo, baixa toxicidade e disponibilidade como recurso agrícola renovável. O CO contém ácido ricinoleico (ácido 12-hidroxi-cis-9-octadecenóico) com grupos hidroxilo e insaturações (Baber et al., 2002). O ácido ricinoleico (AR) está presente no óleo de rícino até 85-90%. A forma hidrogenada do ácido gordo é o éster metílico do ácido ricinoleico (RAME). O objetivo da presente investigação é preparar um tensioativo sulfonado à base de óleo de rícino (Gregorio et al., 2005). O éster metílico sulfonado de sódio foi preparado através da reação do RAME com ácido clorossulfónico. O grupo funcional sulfonado (S=O) foi identificado no SMES por análise FTIR. Os parâmetros estruturais, as propriedades físico-químicas e o comportamento de fase do tensioativo sintetizado foram também investigados com o objetivo de melhorar a recuperação de petróleo.

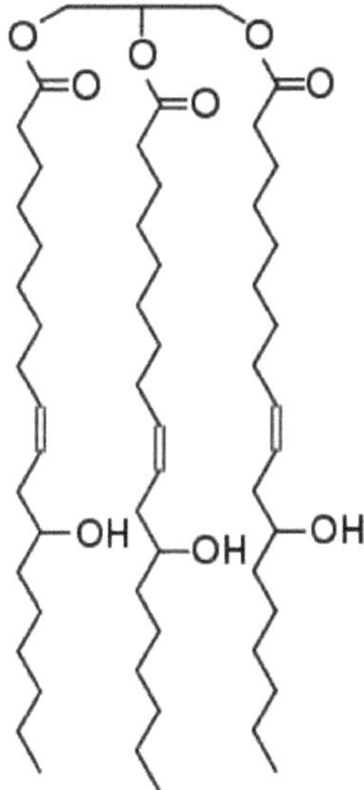

Figura 2.5. Estrutura dos componentes principais (ácido ricinoleico) do óleo de rícino (Hatice e Michael, 2010)

2.6. Redução da tensão interfacial para aplicação em EOR

2.6.1. Fundamentos da redução de IFT

A tensão interfacial (IFT) entre o óleo e a água é um dos factores-chave na investigação das forças capilares que actuam sobre o óleo retido nas rochas do reservatório. É definida como a força por unidade de comprimento que actua paralelamente à interface e perpendicularmente a qualquer linha na interface, ou como o trabalho necessário para aumentar a área da superfície numa unidade (Mork, 1997). Em geral, a IFT entre o óleo e a água varia tipicamente no intervalo de 30-60 mN/m. A adição de tensioactivos ao sistema imiscível pode diminuir significativamente o valor da IFT para um valor ultrabaixo de 10^{-3} a 10^{-4} mN/m e o óleo pode ser mobilizado. Esta diminuição da tensão interfacial permite a emulsificação espontânea e a deslocação do óleo (Poettmann, 1983; Lake, 1989). De facto, as moléculas de tensioativo acumulam-se na interface óleo-água por

deslocam uma parte do óleo e da água e orientam-se de modo a que os grupos carregados se orientem para a fase aquosa e o hidrocarboneto hidrofóbico para a fase oleosa. A acumulação do tensioativo na zona interfacial perturba a estrutura do fluido nesta região. Isto reflecte-se na rápida diminuição do IFT à medida que a concentração de tensioativo aumenta até à CMC.

A tensão interfacial ultra-baixa é necessária para recuperar o óleo retido com o aumento do número de capilares. É sabido que a tensão interfacial ultra-baixa desempenha um papel importante nos processos de recuperação de petróleo (Chiang e Shah, 1980; Cayias et al., 1976; Wilson et al., 1976). Shah et al. (1977) demonstraram, a partir dos seus resultados experimentais, que existe uma correlação direta entre a tensão interfacial e a carga interfacial em vários sistemas óleo-água. A densidade de carga interfacial é um fator importante na redução da IFT. O coeficiente de partição e a IFT são uma forte função da salinidade. O IFT mínimo ocorre na mesma salinidade em que o coeficiente de partição é observado à unidade. Baviere (1976) propôs a mesma correlação entre o IFT e o coeficiente de partição. Diferentes factores (tais como a proporção da mistura de tensioactivos, a concentração de sais (salinidade), a temperatura, a pressão, a concentração de tensioactivos, o tipo e a pureza dos tensioactivos e a natureza da fase oleosa, etc.) influenciam o IFT entre o sistema de solução de óleo e de tensioactivos.

Diferentes categorias de tensioactivos (aniónicos, catiónicos, não iónicos e zwitteriónicos) têm diferentes actividades para reduzir o IFT. Os tensioactivos aniónicos são frequentemente utilizados na preparação de microemulsões para a aplicação de técnicas EOR (Halbert e Inks, 1971; Dreher e Sydansk, 1976; Puerto e Reed, 1983; Osterloh e Jante, 1992; Purwono e Murachman, 2001; Santanna et al., 2009; Wang e Dong, 2010; Pei et al., 2012). Por vezes, os tensioactivos mistos apresentam uma capacidade adicional para reduzir o IFT. Por conseguinte, o rácio de mistura desempenha um papel importante. Quando a interação não é tão forte, os dois materiais tensioactivos com concentração equimolar na fase apresentam o valor mais baixo de IFT entre as misturas com diferentes proporções (Rossen, 1989; El-Batanoney et al., 1999; Parekha, et al., 2011). Este fenómeno é designado por sinergismo das misturas de tensioactivos.

A solubilidade relativa do tensioativo no óleo e na água varia significativamente com a alteração da salinidade da fase aquosa. A uma baixa concentração de sal, a maioria das moléculas de tensioativo permanece na fase aquosa, enquanto que a uma concentração elevada de sal, as moléculas de tensioativo dissolvem-se preferencialmente na fase oleosa. A distribuição equitativa do tensioativo na fase oleosa e na fase aquosa é observada numa determinada salinidade, denominada salinidade óptima. A solução sal-surfactante com uma salinidade óptima produz o IFT mais baixo (Sayyouh, 1994). A solubilidade da molécula de tensioativo num meio aquoso é reduzida pela adição de sal (Anderson et al., 1976). No entanto, em certas concentrações de tensioativo em formulações de microemulsões, a presença de sal NaCl pode promover a migração de moléculas de tensioativo para a camada interfacial a partir da fase a granel, gerando uma diminuição substancial do IFT entre o óleo e a água (Schechter e Wade, 1976).

2.6.2. Mecanismo de redução do IFT entre óleo e água

A redução do IFT entre o óleo e a água pelo tensioativo é um fenómeno importante na inundação de tensioactivos para técnicas de EOR. O IFT (σ) é definido como a força por unidade de comprimento necessária para criar uma nova área de superfície na interface entre dois fluidos imiscíveis. É também uma condição de equilíbrio mecânico numa interface. Davis e Scriven (1982) discutiram o mecanismo analisando as tensões na região interfacial entre dois fluidos, como óleo e água, através da seguinte Equação (2.1):

$$\sigma = \int_{-\infty}^{\infty} (P_N - P_T)dx \tag{2.1}$$

onde, P_N é uma componente da pressão que é normal à interface (direção x) e P_τ é a segunda componente, que é transversal e se situa na posição da zona interfacial, como se mostra na Figura 2.6 (a) e 2.6 (b). É possível calcular a IFT, ou tensão superficial, para fluidos puros com o modelo de equilíbrio mecânico. No entanto, os cálculos são bastante complexos. Os tensioactivos tendem a adsorver-se fortemente na interface e reduzem significativamente a IFT do petróleo bruto de um valor moderado para um valor ultra-baixo, devido à sua elevada atividade interfacial.

Suponhamos que dois líquidos imiscíveis, o óleo e a água, são postos em contacto. Quando um tensioativo é adicionado a este sistema, as moléculas de tensioativo adsorvem-se na interface, deslocando algumas das moléculas de óleo e de água. As moléculas de tensioativo orientam-se de tal forma que a parte hidrofóbica entra na fase oleosa e a parte hidrofílica na fase aquosa, como mostra a figura 2.7. A acumulação do tensioativo na zona interfacial perturba a estrutura do fluido nesta região e aumenta P_T, o que se reflecte na rápida diminuição do IFT à medida que a concentração de tensioativo aumenta até à CMC.

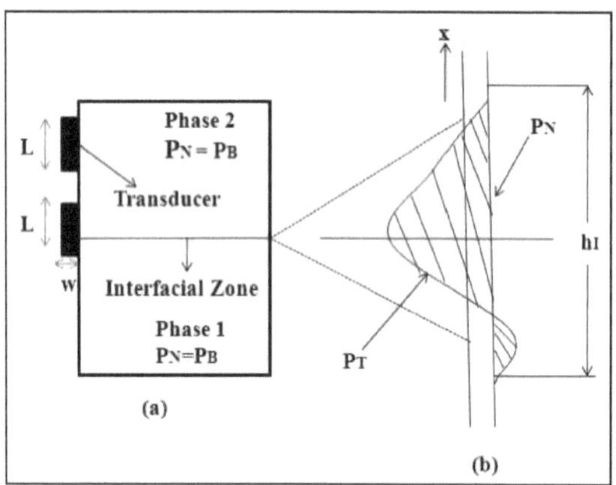

Figura 2.6. (a) Sistema de duas fases separado por uma interface plana. (b) Perfis de pressão normal, P_N, e transversal, P_T, ao longo da zona interfacial (Davis e Scriven, 1982)

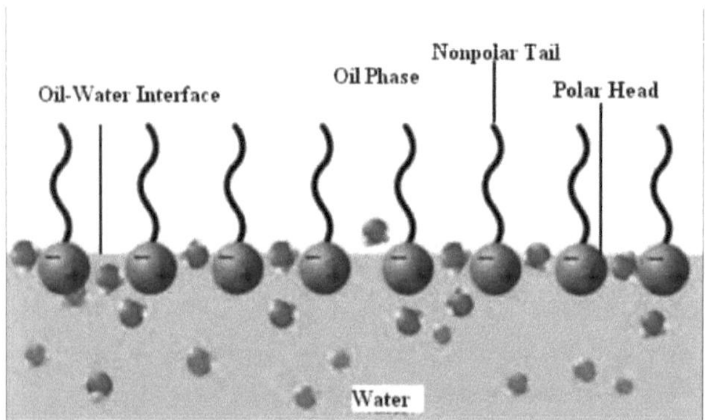

Figura 2.7. Orientação das moléculas de tensioativo na interface óleo-água para reduzir o IFT (Green e Willhite, 1998)

2.6.3. Importância da redução do IFT no EOR

Em geral, o IFT entre o óleo e a água varia de 30 a 60 mN/m. Por conseguinte, o número de capilaridade é muito baixo e a recuperação de óleo não pode atingir a produção desejada. Para aumentar o número de capilares, a tensão interfacial deve ser reduzida para 10^{-4} a 10^{-3} mN/m. Com uma IFT elevada, os gânglios de óleo não conseguem passar facilmente pela garganta dos poros devido à sua estrutura rígida. Quando a IFT é reduzida para um valor ultra baixo, os gânglios de óleo são deformados e passam facilmente pela garganta do poro (Rudin e Wasan, 1992; Zhang et al., 2004; Rosen et al., 2005). A Figura 2.8 demonstra como a gota de óleo deixa passar a restrição da garganta do poro com IFT alto e baixo.

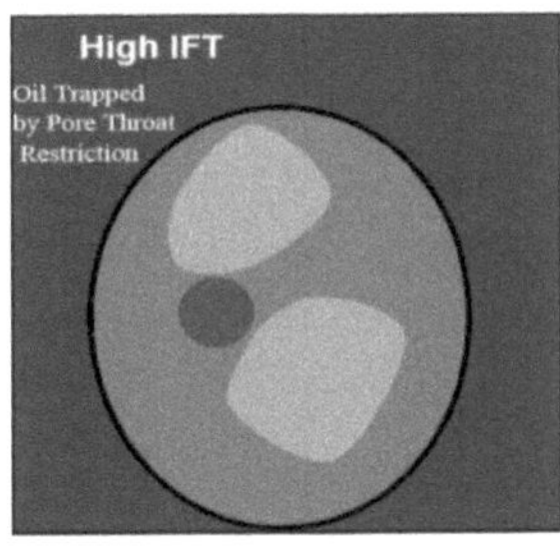

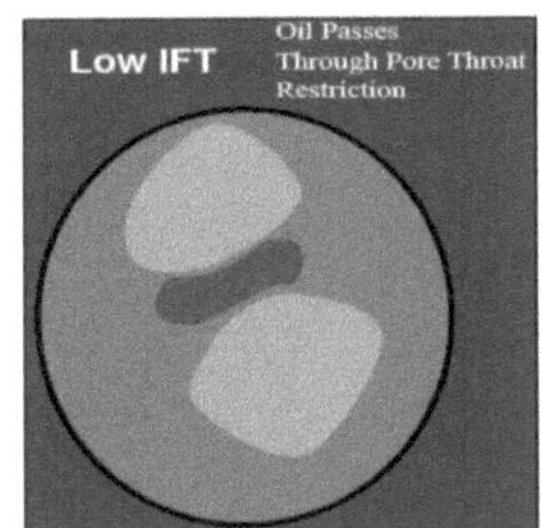

Figura 2.8. A gota de óleo passa através da restrição da garganta dos poros a um IFT elevado e a um IFT baixo (Kueper, 1989)

2.7. Alteração da molhabilidade de superfícies rochosas por tensioactivos SMES/PMES

2.7.1. Fundamentos da molhabilidade

A molhabilidade é definida como a tendência de um fluido para se espalhar ou aderir a uma superfície sólida na presença de outros fluidos imiscíveis (Craig, 1971). É determinada pela medição do ângulo de contacto. O ângulo de contacto, θ_c, pode variar de 0 a 180°, dependendo da afinidade relativa dos fluidos em relação à superfície. As rochas-reservatório como um todo podem não apresentar a mesma molhabilidade. Esta depende das propriedades da rocha reservatório, da química do óleo e da salinidade da água do sistema. Com base no ângulo de contacto, são geralmente conhecidos três estados de molhabilidade: molhado de óleo, molhado de água e molhado neutro. Se θ_c for medido através da fase oleosa, então um ângulo inferior a 90° indicará uma superfície com maior afinidade para o óleo do que para a água, e diz-se que está molhada de óleo. Quando o sistema é preferencialmente húmido em óleo, as posições da água e do óleo na rocha são reservadas. O óleo ocupa os poros mais pequenos, excluindo a água, e o óleo está em contacto com as superfícies da rocha nos poros maiores. Quando a água está presente nos poros maiores, encontra-se geralmente no centro dos poros, repousando sobre uma película de óleo. Por outro lado, se o ângulo for superior a 90°, então a superfície tem maior afinidade para a água do que para o óleo, e é designada por água-húmida. Um sistema água/óleo/rocha é considerado húmido quando mais de 50% da sua superfície é molhada por água. A água ocupa os poros mais pequenos e existe como uma película que cobre as superfícies dos poros maiores da rocha, preferencialmente molhados pela água. Quando ambos os fluidos têm igual afinidade pelas superfícies, diz-se que a rocha é neutra-húmida. A ilustração do ângulo de contacto na molhabilidade é apresentada na Figura 2.9 (Kowalewski et al., 2002; Drummond e Israelachvili, 2004; Wu e Firoozabadi, 2010).

Os termos fraccionado húmido e misto húmido estão incluídos no termo geral frequentemente utilizado, neutro húmido. Implica que metade da superfície da rocha está molhada de água e a outra metade está molhada de óleo; não distingue o tipo de condição de humedecimento. O termo fração húmida foi proposto por Brown e Fatt (1956) para caraterizar a humidade heterogénea das superfícies dos poros, em que a humidade preferencial está distribuída aleatoriamente por toda a rocha. O termo molhado misto, tal como definido por Salathiel (1973), é uma condição em que os poros pequenos da rocha estão molhados e saturados de água, mas os poros maiores estão molhados de óleo e cheios de óleo em contacto com as paredes dos poros que formam um caminho contínuo ao longo do comprimento da rocha.

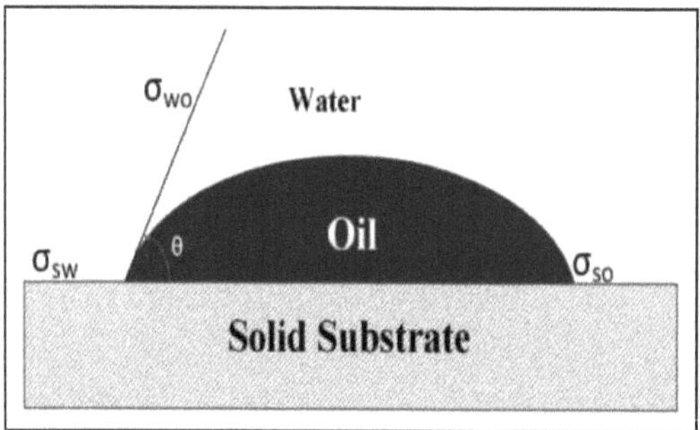

Figura 2.9. Ilustração do ângulo de contacto de um sistema trifásico numa superfície sólida

A molhabilidade é o parâmetro mais importante nos processos de recuperação de petróleo, uma vez que pode afetar (1) a distribuição microscópica de água e óleo nos poros da rocha, (2) as características das curvas de pressão capilar, (3) as propriedades de fluxo de fluido do deslocamento de óleo pela água e (4) a quantidade e distribuição da saturação residual de óleo (Anderson, 1986a, b, 1987a, b, c; Cuiec, 1991; Morrow, 1990).

A origem do petróleo começa com a acumulação de matéria orgânica em ambientes lacustres e marinhos pouco profundos, juntamente com sedimentos de grão fino originalmente transportados por águas superficiais (Buckley, 1991; Morrow, 1991). A maioria dos reservatórios de petróleo está localizada em rochas sedimentares clásticas porosas que consistem originalmente em arenito ou carbonato (Boggs, 1995; Chernicoff, 1999). Em geral, acreditava-se que as superfícies das rochas nos reservatórios de petróleo eram inicialmente muito húmidas, porque a água contida impediria o contacto do petróleo bruto com as superfícies das rochas (Benner e Bartell, 1942; Morrow, 1990). O petróleo bruto que contém compostos polares e compostos aromáticos polinucleares de elevado peso molecular, como os asfaltenos, pode exercer uma influência de controlo através da deposição de películas de materiais orgânicos nas superfícies das rochas, e tornar o estado húmido em água num estado húmido em óleo. Também foi reconhecido que a molhabilidade em meios porosos não era necessariamente uma quantidade uniforme. As heterogeneidades químicas locais na composição da rocha e as complexidades do sistema de poros podem gerar uma molhabilidade não uniforme.

2.7.2. Mecanismos de alteração da molhabilidade

O próprio petróleo bruto contém componentes modificadores da molhabilidade que podem interagir com a superfície da rocha na presença de salmoura. Tem sido bem aceite por muitos investigadores que os componentes do petróleo bruto, principalmente os componentes saturados, aromáticos, resinosos e asfalténicos (SARA), são capazes de alterar a molhabilidade das superfícies rochosas (Clementz, 1982; Collins e Melrose, 1983; Cuiec, 1984; Crocker e Marchin, 1988; Dubey e Waxman, 1989; Gloton et al, 1992; Wolcott et al., 1993; Xie e Morrow, 1999; Xie et al., 2000; Buckley, 2001; Lord e Buckley, 2002; Drummond e Israelachvili, 2004; Liu et al., 2007a; Babadagli e Al-Bemani, 2007; Zekri et al., 2009; Wu e Firoozabadi, 2010; Lebedeva e Fogden, 2011). Exceptuando os componentes SARA do petróleo bruto, os componentes ácidos e básicos são também mais ou menos responsáveis pela alteração da molhabilidade das superfícies rochosas. A caraterização do petróleo bruto também sugere que outros grupos como o fenol, ácidos carboxílicos e componentes de enxofre como sulfuretos, tiofenos, marcaptanos, polissulfuretos e componentes de azoto como amidas, piridinas, quinolinas, porfirinas estão presentes no petróleo bruto (Frye e Thomas, 1993; Reisberg e Doscher, 1956; Seifert e Teeter, 1970; Somerville et al., 1987, Anderson, 1986a). Estes componentes são também responsáveis pela alteração da molhabilidade e podem transformar a superfície da rocha húmida em água num estado húmido em óleo (Benner e Bartell, 1942; Cuiec, 1977; Kowalewski et al., 2002; Legens et al., 1998a, b; Madsen et al., 1996; Madsen e Lind, 1998; Morrow et al., 1973; Torseater et al., 1997; Tweheyo et al., 1999; Wanger e Leach, 1959). A natureza da superfície da rocha para interagir com os componentes do petróleo bruto é diferente. As rochas carbonatadas são normalmente sensíveis a componentes ácidos (Cuiec, 1977; Madsen e Lind, 1998; Thomas et al., 1993a) e os arenitos mostram a sua afinidade com componentes básicos e mudam para estados mais húmidos de óleo (Benner e Bartell, 1942; Cuiec, 1977; Kowalewski et al., 2002; Michaels e Timmins, 1960; Skauge et al., 1999; Torseater et al., 1997; Tweheyo et al., 1999; Wanger e Leach, 1959). Este fenómeno pode ser explicado com base nas suas cargas superficiais. O arenito tem uma carga negativa acima do pH 2 (Menezes et al., 1989; Skauge e Fosse, 1996), sendo por isso sensível a iões de carga positiva. Os carbonatos são, em geral, carregados positivamente abaixo de pH 8 a 9 (Pierre et al., 1990; Wasson e Harwell, 2000) e, portanto, capazes de adsorver grupos ácidos carregados negativamente (Hall, 1986). A figura 2.10 mostra o mecanismo de adsorção dos tensioactivos na superfície dos carbonatos durante o processo de alteração da molhabilidade.

Para além dos componentes do petróleo bruto, muitos outros parâmetros diferentes também influenciam a molhabilidade da superfície da rocha no sistema petróleo bruto-salmoura-rocha (COBR). Os factores que influenciam são a composição mineral e a carga superficial das rochas, a salinidade da salmoura e a concentração de iões divalentes e monovalentes, a pressão capilar e as forças de película fina, a pressão de disjunção, a solubilidade em água do componente polar do petróleo e a temperatura, etc. (Drummond e Israelachvili , 2004; Zhang e Austad, 2005; Jarrahian et al., 2012; Lebedeva e Fogden, 2011). Existem diferentes mecanismos pelos quais os componentes polares do petróleo bruto são adsorvidos nas superfícies das rochas, responsáveis pela alteração da molhabilidade das superfícies rochosas (Buckley, 1996). As principais interacções são:

- Interacções polares que predominam na ausência de película de água entre o óleo e o sólido.

- Precipitação superficial, dependente principalmente das propriedades dos solventes do petróleo bruto em relação aos asfaltenos.

- Interação ácido-base que controla a carga superficial nas interfaces óleo/água e sólido/água.

- Ligação de iões ou interacções específicas entre sítios carregados e iões de maior valência.

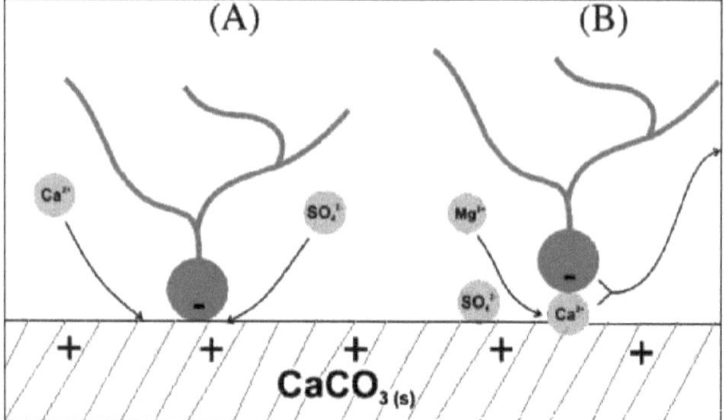

Figura 2.10. Mecanismo de adsorção de tensioactivos na superfície de carbonatos durante o processo de alteração da molhabilidade induzido pela água do mar mecanismo proposto (A) quando Ca²⁺ e so₄²⁻ estão activos, (B) quando Mg²⁺ e so₄²⁺ também estão activos a altas temperaturas

2.8. Mecanismo de recuperação de petróleo por polímero

A adição de polímero aumenta a viscosidade da fase aquosa, pelo que a mobilidade da fase aquosa diminui. Assim, o rácio de mobilidade é menor com o polímero. Ao contrário do tensioativo, a presença de polímero não diminui a saturação do óleo residual, salvo raras excepções (Wang et al., 2000), mas aumenta consideravelmente a eficiência da varredura. Outro mecanismo principal aceite para a mobilidade do óleo residual após a inundação com água é que deve existir uma força viscosa bastante grande perpendicular à interface óleo-água para empurrar o óleo residual. Esta força deve superar as forças capilares que retêm o óleo residual, movê-lo, mobilizá-lo e recuperá-lo (Guo e Huang, 1990). Wang (1995) estudou o efeito viscoelástico das moléculas de polímeros retidas em meios porosos com base no processo de redução e acumulação de pressão. Xia et al. (2001, 2002a, 2004) consideraram que a viscoelasticidade do fluxo da solução polimérica era a principal causa do aumento da eficiência da deslocação do petróleo. Diferentes fluidos poliméricos têm propriedades elásticas bastante diferentes (Xia et al., 2002b). Yang et al. (2006) descobriram que é possível obter uma recuperação incremental de mais de 20% OOIP em relação à inundação com água através da injeção de uma solução de polímero de elevado peso molecular e elevada concentração no campo de Daqing. Dois tipos de polímeros, a poliacrilamida e o polissacárido, são normalmente utilizados na recuperação avançada de petróleo (Sorbie, 1991; Hou et al., 2005; Flew et al., 1993; Zolfaghari et al., 2006; Zhang et al., 2006).

As soluções de polímeros são geralmente classificadas como fluidos pseudoplásticos na maioria das condições. Um material pseudoplástico é aquele que apresenta uma menor resistência ao fluxo à medida que a taxa de cisalhamento aumenta. Matematicamente, a fórmula é conhecida como o modelo da Lei da Potência (Barnes et al., 1989) equação (2.2):

$$\tau = K\gamma^n \tag{2.2}$$

n <1,0 para fluidos pseudoplásticos

em que τ é a tensão de cisalhamento (Pa) e γ é a taxa de cisalhamento (s⁻1), K é o índice de consistência (Pa.s^n) e n é o índice de comportamento do fluxo (adimensional). Note-se que, se $n=1$, a equação reduz-se ao caso newtoniano com K equivalente à viscosidade dinâmica, η.

As soluções de polímero têm sido caracterizadas como fluidos pseudoplásticos que apresentam uma viscosidade aparente decrescente com o aumento da taxa de cisalhamento. Este modelo representa razoavelmente o comportamento do fluxo do polímero em todas as taxas de cisalhamento, exceto nas taxas muito elevadas que podem existir no poço de injeção. A estas elevadas taxas de cisalhamento, a solução de polímero perde a sua natureza pseudoplástica e apresenta uma viscosidade aparente crescente com o aumento da taxa de cisalhamento. Um fluido deste tipo é normalmente classificado como dilatante.

A injeção de tensioactivos poliméricos também melhora a viscosidade do fluido de deslocamento no reservatório, aumentando assim a eficiência da varredura vertical e da área. A eficácia e a viabilidade económica da EOR por inundação estão relacionadas com a injectividade ou taxa de injeção, que por sua vez depende da viscosidade do fluido injetado (Lake, 1989). A viscosidade é controlada por uma série de factores como a temperatura, a concentração, a presença de sais, etc. (Clifford e Sorbie, 1985; Dong et al., 2008). Normalmente, o comportamento pseudoplástico exibido pelos sistemas poliméricos é considerado benéfico a taxas de cisalhamento mais elevadas, uma vez que a viscosidade perto do poço de injeção é reduzida, o que proporciona uma melhor injectividade (Lee, 2011). No entanto, são desejadas viscosidades mais elevadas quando o tensioativo polimérico injetado se desloca para o interior do reservatório para atingir o rácio de mobilidade desejado (Sastry et al., 1999; Lee, 2011). Estudos recentes indicam que a viscoelasticidade é também uma propriedade importante dos sistemas poliméricos que contribui para varrer o óleo residual nas extremidades dos poros e a película de óleo nos poros ou gargantas dos poros, ajudando assim a melhorar a eficiência da varredura (Zhao et al., 2004).

2.9. Perspectivas potenciais do estudo

Os processos de EOR envolvem uma grande variedade de mecanismos, incluindo a utilização de polímeros e tensioactivos para alterar ou melhorar as propriedades dos fluidos dos reservatórios, tornando-os mais propícios à extração. A injeção de polímeros solúveis em água é amplamente utilizada na EOR devido à sua capacidade de melhorar a eficiência da varredura, reduzindo a mobilidade do meio de deslocamento (Mishra et. al., 2014). A inundação com surfactantes pode reduzir significativamente a tensão interfacial óleo-água, diminuir as forças capilares e facilitar a alteração da molhabilidade para melhorar a recuperação de petróleo (Samanta et. al., 2011; Bai et. al., 2014). A aplicação de polímeros e tensioactivos pode revelar-se economicamente eficaz, embora possam surgir complicações relacionadas com a formulação e a conceção adequadas. A mistura incorrecta do polímero e do tensioativo pode conduzir a uma separação indesejável das fases.

Ultimamente, têm sido relatados estudos sobre a síntese e as aplicações de tensioactivos poliméricos na recuperação avançada de petróleo (Elraies et. al., 2011, Cao et. al., 2001). Embora os tensioactivos poliméricos sejam, sem dúvida, menos bem definidos do que os tensioactivos, suscitaram um maior interesse em termos de flexibilidade, funcionalidade e diversidade (Liu et. al., 2001). O tensioativo polimérico, sintetizado através de um enxerto adequado de tensioativo com polímero, engloba os efeitos benéficos da inundação do polímero e do tensioativo. O tensioativo polimérico, sendo rentável e amigo do ambiente, permite um bom controlo da viscosidade, modifica as propriedades de molhabilidade e diminui a tensão interfacial, melhorando assim a recuperação de petróleo através do aumento do fluxo fraccionado de petróleo.

CAPÍTULO-3

SÍNTESE E CARACTERIZAÇÃO DO SURFACTANTE METIL ÉSTER SULFONATO DE SÓDIO (SMES)

Neste capítulo é discutida a síntese de um novo surfactante a partir do éster metílico do ácido ricinoleico (RAME) presente no óleo de rícino. O tensioativo sintetizado, éster metílico sulfonato de sódio (SMES), foi caracterizado por análise de microscopia eletrónica de varrimento de emissão de campo (FE-SEM), análise de radiação infravermelha com transformada de Fourier (FTIR) e análise gravimétrica térmica (TGA). A capacidade do tensioativo para reduzir a tensão superficial das suas soluções aquosas de diferentes concentrações foi estudada e a concentração micelar crítica (CMC) foi medida. A análise do tamanho das partículas do tensioativo SMES em solução aquosa foi determinada por técnicas de dispersão dinâmica da luz (DLS). Foi também realizada uma experiência de condutividade para estudar a extensão da micelização na presença de iões. O comportamento de fase do sistema SMES-óleo-água foi investigado para verificar a capacidade do tensioativo para formar microemulsões.

3.1. INTRODUÇÃO

A recuperação avançada de petróleo (EOR) destina-se a melhorar a eficiência da varredura no reservatório e a eficiência do deslocamento através da utilização de produtos químicos que reduzem a saturação do petróleo remanescente abaixo do nível alcançado pelos métodos convencionais de injeção de água. O óleo remanescente inclui tanto o óleo retido nas áreas inundadas por forças capilares (óleo residual), como o óleo em áreas não inundadas pelo fluido injetado (óleo derivado). O petróleo recuperado pelos processos primário e secundário varia entre 20 e 50 %, dependendo das propriedades do petróleo e do reservatório (Awang et al., 2008). Os métodos de inundação química são classificados como um ramo especial dos processos de recuperação avançada de petróleo (EOR) para produzir petróleo residual após a inundação de água. Estes métodos são utilizados para reduzir a tensão interfacial, aumentar a viscosidade da salmoura para controlar a mobilidade e aumentar a eficiência da varredura na recuperação terciária. Os tensioactivos têm sido considerados bons agentes de recuperação de petróleo desde os anos 70 (Healy e Reed, 1974) porque podem reduzir significativamente as tensões interfaciais e alterar as propriedades de humidificação. Os tensioactivos comerciais são, na sua maioria, derivados de compostos lentamente degradáveis e, em alguns casos, eles ou os seus produtos de degradação podem tornar-se nocivos para o ambiente ou para os seres humanos. O custo dos tensioactivos comerciais é também um obstáculo à sua aplicação na recuperação avançada de petróleo. Muitos tensioactivos são produzidos a partir de óleos naturais, que podem ser aplicados com êxito na recuperação avançada de petróleo devido à sua capacidade de reduzir consideravelmente a tensão interfacial. Devem combinar uma elevada compatibilidade electrolítica com uma elevada estabilidade à hidrólise (Elraies et al., 2010).

No presente estudo, o óleo de rícino foi escolhido como matéria-prima para a síntese de metil éster sulfonato de sódio. O óleo de rícino (CO) revela-se uma matéria-prima promissora devido à sua baixa toxicidade, eficácia económica e disponibilidade como recurso agrícola sustentável. O óleo de rícino contém ácido ricinoleico (ácido 12-hidroxi-cis-9-octadecenóico) com grupos hidroxilo (Baber et al., 2002). O ácido ricinoleico (AR) está presente no óleo de rícino até 85% a 90%. A forma hidrogenada do ácido gordo é o éster metílico do ácido ricinoleico (RAME). O objetivo da presente investigação é preparar um tensioativo sulfonado à base de óleo de rícino. O éster metílico sulfonado de sódio foi preparado através da reação do RAME com ácido clorossulfónico. O grupo funcional sulfonado (S=O) foi identificado no SMES por análise FTIR. Os parâmetros estruturais, as propriedades físico-químicas e o comportamento de fase do tensioativo sintetizado foram também investigados com o objetivo de melhorar a recuperação de petróleo.

3.2. SECÇÃO EXPERIMENTAL

3.2.1. Materiais utilizados

Para a síntese dos tensioactivos, foram adquiridos produtos químicos de laboratório como o ácido clorossulfónico (98%), piridina (99,5%), éter (99,5%), carbonato de sódio (99,5%), bicarbonato de sódio (99%) e n-butanol (99,5%) à Merck Millipore India. O éster metílico do ácido ricinoleico foi adquirido à Pasand Speciality Chemicals, Rajkot. O índice de acidez, o índice de saponificação e os índices de iodo do éster metílico do ácido ricinoleico são, respetivamente, 10-12, 185-190 e 80-90. Utilizou-se água destilada como solvente, que é desionizada para fazer uma solução saturada de sal de sódio.

O óleo de rícino é um óleo vegetal não comestível obtido a partir da semente de rícino (tecnicamente, semente de rícino, uma vez que a planta de rícino, Ricinus communis, não é um membro da família dos feijões). O óleo de rícino é um líquido incolor a amarelo muito pálido, com um odor ou sabor suave ou nulo. O seu ponto de ebulição é de 313 °C e a sua densidade é de 961 kg/m^3 . É um triglicérido em que aproximadamente noventa por cento das cadeias de ácidos gordos são de ácido ricinoleico. Os ácidos oleico e linoleico são os outros componentes significativos. A figura 3.1 mostra a imagem da mamona.

Figura 3.1. Fotografia de sementes de rícino

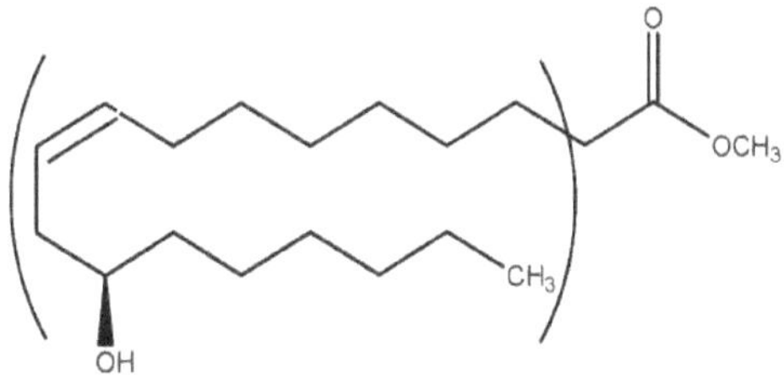

Figura 3.2. Estrutura química do éster metílico do ácido ricinoleico

O ácido ricinoleico, um ácido gordo monoinsaturado com 18 carbonos, é invulgar na medida em que tem um grupo funcional hidroxilo no décimo segundo carbono, como se mostra na Figura 3.2. Este grupo funcional faz com que o ácido ricinoleico (óleo de rícino) seja invulgarmente polar e também permite uma derivação química que não é prática na maioria dos outros óleos de sementes. É o grupo hidroxilo que torna o óleo de rícino e o ácido ricinoleico valiosos como matérias-primas químicas. Em comparação com outros óleos de sementes que não possuem o grupo hidroxilo, o óleo de rícino tem um preço mais elevado. O óleo de rícino e os seus derivados têm aplicações no fabrico de sabões, lubrificantes, óleos hidráulicos e de travões O óleo de rícino sulfonado, também designado por óleo de rícino sulfatado ou óleo vermelho da Turquia, é o único óleo que se dispersa completamente em água. É produzido pela adição de ácido sulfúrico ao óleo de rícino puro. Isto permite uma utilização fácil para fazer produtos de óleo de banho. Foi o primeiro detergente sintético depois do sabão vulgar. É utilizado na formulação de lubrificantes, amaciadores e auxiliares de tingimento.

3.2.2. Aparelhos e metodologia

3.2.2.1. Síntese do éster metílico sulfonato de sódio

A Figura 3.3 apresenta um fluxograma que descreve as várias etapas sequenciais da síntese do tensioativo SMES a partir do óleo de rícino por processo de sulfonação. O tensioativo éster metílico de sódio (SMES) foi sintetizado pelo processo de sulfonação, reagindo o éster metílico do ácido gordo presente no óleo de rícino com ácido clorossulfónico. A montagem experimental do processo de sulfonação é mostrada na Figura 3.4 (a, b). Inicialmente, o éster metílico do ácido ricinoleico foi separado dos outros componentes do óleo de rícino através do processo de esterificação e transesterificação do óleo de rícino. O ácido oleico e o ácido linoleico foram separados durante este procedimento antes do início do processo de sulfonação no laboratório. O éster metílico do ácido gordo produzido a partir do óleo de rícino foi então sulfonado de acordo com Chonlin et al., 1990. O objetivo do processo de sulfonação era sintetizar um tensioativo sulfonado à base de ésteres metílicos de ácidos gordos (presentes no óleo de rícino). A reação de sulfonação foi realizada à escala laboratorial utilizando um balão de fundo redondo de 250 ml. Num balão de 250 ml de fundo redondo (R.B.) colocado num banho arrefecido, introduziram-se 15 ml de piridina. Em seguida, adicionaram-se, gota a gota, 2,63 g de ácido clorossulfónico ao balão de fundo redondo, com agitação contínua a 800 rpm durante 15 minutos. Uma solução de éster metílico de óleo de rícino (2,60 g) foi adicionada gradualmente à mistura e agitada durante mais 30 minutos. Em seguida, a solução foi retirada do banho de gelo e aquecida a 65 °C, de modo a obter uma solução límpida. Na segunda etapa, adicionou-se o carbonato de sódio aquoso (33 g) em 300 ml de água destilada num banho de gelo com agitação constante (800 rpm) e esta solução foi saturada com sal inorgânico utilizando bicarbonato de sódio. A solução saturada arrefecida em gelo e a solução aquecida foram então arrefecidas e o produto foi extraído duas vezes para n-butanol (40 ml cada) com a ampola de decantação. O solvente foi removido do produto em bruto por evaporação. O produto em bruto obtido após a evaporação foi lavado com água destilada e éter de petróleo para remover as impurezas orgânicas. Em seguida, o produto em bruto foi seco a 60 °C sob vácuo durante 24 horas para posterior análise e caraterização. A representação esquemática da reação química proposta para o tensioativo SMES está representada na Figura 3.5.

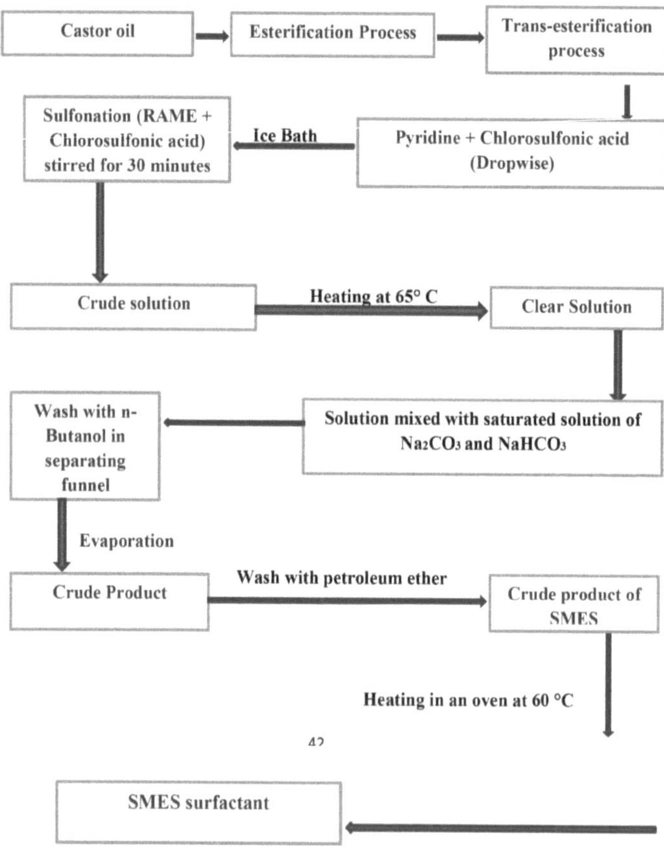

Figura 3.3. Fluxograma das fases de produção do tensioativo SMES

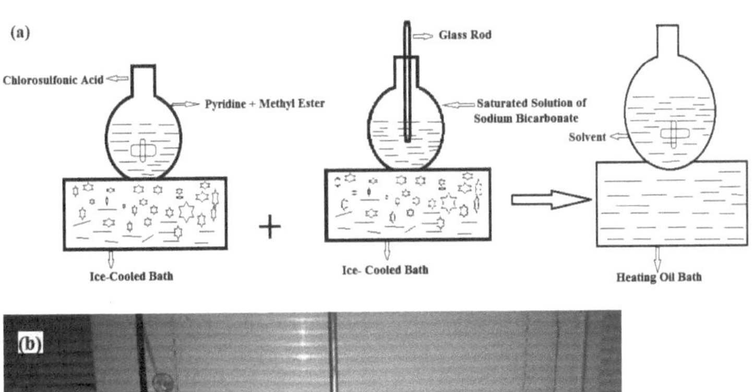

Figura 3.4. Síntese do SMES (a) Preparação do produto bruto solvente (b) Processo de evaporação do tensioativo SMES

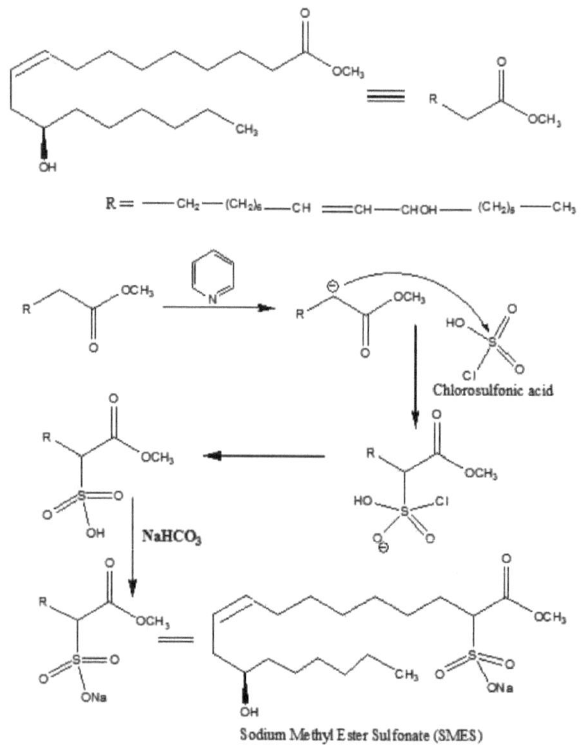

Chlorosulfonic acid

NaHCO₃

Sodium Methyl Ester Sulfonate (SMES)

Figura 3.5. Representação esquemática da reação química proposta para o tensioativo SMES

3.3. Caracterização do surfactante metil éster sulfonato de sódio (SMES)

3.3.1. Análise FTIR do tensioativo SMES

Aproximadamente 1,0 mg de tensioativo SMES e 200 mg de pó de KBr foram utilizados para a análise FTIR. O SMES e o KBr foram moídos para formar um pó fino. O pó fino foi comprimido por uma bomba hidráulica para formar uma pelota fina, que foi colocada num exsicador para remover o teor de humidade da pelota. O KBr tem uma excelente transmissão, com boa resistência ao choque mecânico e está protegido da humidade. Foram obtidos gráficos entre as percentagens de transmissão e o número de onda para o tensioativo SMES. O espetro de infravermelhos para os dados traçados situa-se na gama de 4000 cm^{-1} e 400 cm^{-1} . A configuração instrumental para a análise de espetroscopia FTIR é apresentada na Figura. 3.6 (a) e (b).

Figura 3.6. Fotografia do instrumento de espetroscopia FTIR: (a) Espectrofotómetro; (b) Bomba hidráulica para a preparação de pastilhas de KBr

3.3.2. Análise da microscopia eletrónica de varrimento de emissão de campo (FE-SEM) do tensioativo SMES

A microscopia eletrónica de varrimento por emissão de campo (FESEM) é uma das técnicas analíticas mais versáteis e bem conhecidas. A morfologia da superfície foi analisada por FE-SEM SUPRA 55 ZEISS (Alemanha). O tensioativo SMES foi mantido numa estufa de vácuo a 60 °C durante 24 horas para reduzir a humidade e revestido com um revestimento de platina antes da análise para obter resultados mais precisos. O carregamento das amostras devido à presença de água é atenuado pelo revestimento de platina. Todas as amostras foram examinadas com uma ampliação de 5K a 25K para demonstrar a uniformidade geral do tensioativo SMES. A fotografia do instrumento FE-SEM é apresentada na Figura 3.7.

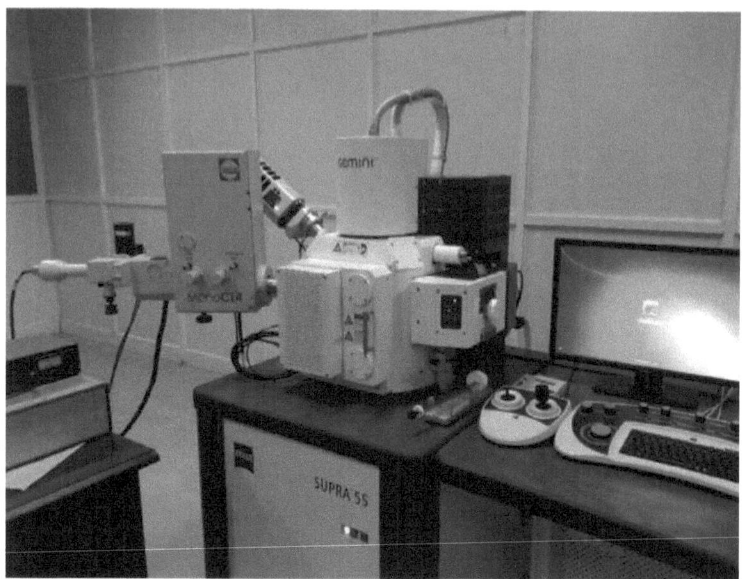

Figura 3.7. Fotografia do instrumento FE-SEM

3.3.3. Medição da análise gravimétrica térmica do tensioativo SMES

A análise gravimétrica térmica (TGA) é uma técnica de análise térmica que examina as alterações de massa do tensioativo SMES em função da temperatura ou do tempo. É utilizada para caraterizar a decomposição e a estabilidade térmica dos materiais sob uma variedade de condições e para examinar a cinética dos processos físico-químicos. A análise termogravimétrica (TGA) é realizada começando por tarar a balança eléctrica, introduzindo e pesando o tensioativo SMES em pó e estabelecendo a atmosfera de gás inerte (N_2). O programa de aquecimento desejado é então iniciado enquanto a massa do tensioativo SMES é continuamente monitorizada por um dispositivo de registo. O perfil da perda de massa pode ser expresso em miligramas ou em percentagem da massa original do SMES. Uma vez estabelecido o patamar de perda de massa da matéria volátil média, geralmente a 500 °C ou mais, a atmosfera é alterada de inerte para oxidante. A análise fica concluída quando se estabelece o patamar de perda de massa correspondente à massa final de SMES. O método abrange todos os analisadores termogravimétricos comerciais e especialmente concebidos, capazes de programar a temperatura enquanto pesam continuamente o SMES sob controlo atmosférico. As amostras são geralmente sólidas (mas podem ser líquidas, por exemplo, polímeros) e têm geralmente 10 a 20 mg de peso. A seleção dos parâmetros de ensaio inclui uma abordagem modular que utiliza uma combinação de períodos óptimos de aquecimento e retenção. A dimensão mais pequena da amostra permite uma melhor resolução das curvas, que têm uma maior sensibilidade. Foi salientada a utilização de amostras de pequena dimensão e de uma taxa de aquecimento lenta. A estabilidade térmica do tensioativo sintetizado foi medida utilizando o analisador termogravimétrico de bancada Netzsch-STA 449 Jupiter

(TGA). O TGA determina as alterações da perda de massa do tensioativo SMES em função da temperatura. O traço TGA foi utilizado para determinar a % de perda de massa a 500°C, que é a temperatura suficiente para degradar o conteúdo orgânico presente no tensioativo SMES sintetizado. Este ensaio foi realizado para uma gama de temperaturas de 29 °C a 500 °C com incrementos de 23,7 °C/min em ambiente azotado. A fotografia do aparelho de TGA é apresentada na Figura 3.8.

Figura 3.8. Fotografia do analisador termogravimétrico (TGA) com bancada modelo Netzsch-STA 449 Jupiter

3.3.4. Medição do diâmetro hidrodinâmico da solução de surfactante SMES pelo método DLS

A dispersão dinâmica da luz (DLS) é uma das técnicas mais utilizadas para a determinação do perfil de tamanho das partículas em soluções. Permite o dimensionamento de partículas até 1 nm de diâmetro. A dispersão dinâmica da luz (DLS) funciona medindo a intensidade da luz dispersa pelas moléculas na amostra em função do tempo. Quando a luz é dispersa por uma molécula, parte da luz incidente é dispersa. Se a molécula estivesse estacionária, a quantidade de luz dispersa seria constante. Mas, como todas as moléculas em solução se difundem com movimento browniano em relação ao detetor, ocorre interferência (construtiva ou destrutiva) causando uma mudança na intensidade da luz. Ao medir a escala de tempo das flutuações da intensidade da luz, a DLS fornece informações sobre o tamanho médio, a distribuição do tamanho e a polidispersão das moléculas em solução. Quanto mais rapidamente as partículas se difundirem, mais rapidamente a intensidade mudará (se a luz fosse suficientemente brilhante, isto seria visto como um efeito de cintilação). A velocidade destas alterações está assim diretamente relacionada com o movimento da molécula. Verteu-se a quantidade de tensioativo SMES em cuvetes de vidro e certificou-se de que não havia impressões digitais/impurezas na superfície exterior ou interior do tubo de vidro do polarizador, limpando-o com um papel absorvente. Premir o botão "OPEN" no analisador e colocar o polarizador no compartimento. Clicar no botão de arranque do software e aguardar dois minutos para que a leitura seja efectuada. Durante dois minutos, o aparelho mede a difusão das partículas que se deslocam por movimento browniano e converte-a em tamanho e numa distribuição de tamanhos utilizando a relação de Einstein de Stokes. A interface do software gerou o valor do diâmetro hidrodinâmico das partículas na solução, indicado pelo valor Z (médio). O aumento ou a diminuição do valor do diâmetro hidrodinâmico é uma medida da agregação ou desagregação das moléculas em solução em resultado do efeito da concentração e da salinidade. Após o exame adequado das amostras de SMES, limpar o polarizador/cubetas para evitar uma análise incorrecta através da técnica de dispersão da luz. A análise do tamanho das partículas do tensioativo SMES em solução aquosa foi determinada utilizando o ZETASIZER (Nano-S90, Nano series Malvern) a 30 ±0,1°C. O comprimento de onda do laser foi de 633 nm e o ângulo de dispersão de 90°. O índice de refração (1,332) de cada solução foi medido com um refractrómetro portátil (refrato 30PX mettler). Todas as amostras foram preparadas em água desionizada e filtradas com uma membrana de 0,2 μm de porosidade para remover possíveis partículas de poeira da solução. A absorvância das soluções de tensioactivos SMES foi medida utilizando o UV-1800 (espetrofotómetro UV- VIS Shimadzu, Japão) no comprimento de onda de 217 nm. Os vários valores de absorvância obtidos foram 3,295, 3,372, 3,366, 3,520, 3,565 e 3,651, respetivamente. As técnicas de dispersão dinâmica da luz medem a difusão de partículas através do meio fluido. Utiliza a relação Stoke-Einstein para determinar subsequentemente o tamanho e a distribuição das micelas. A fotografia do instrumento DLS é mostrada na Figura 3.9 (a & b).

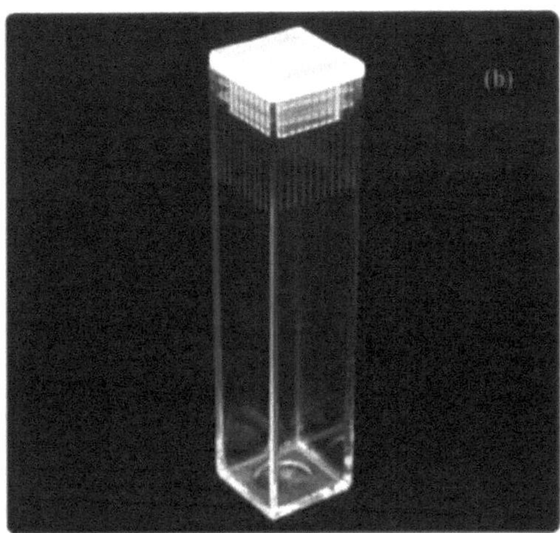

Figura 3.9. Fotografia de (a) instrumento de dispersão dinâmica da luz (ZETASIZER Nano-S90) (b) cuvetes polarizadoras para armazenar a solução de surfactante SMES

3.3.5. Medição da condutividade eléctrica

A condutividade eléctrica da microemulsão foi medida utilizando uma célula de imersão em vidro com eléctrodos de platina (Modelo PCS Testr 35, medidor de condutividade, Oakton, EUA) a 30±0,1°C. As composições das microemulsões foram tomadas em diferentes proporções em massa de n-heptano: n-hexanol/SMES (0,9:0,1, 0,8:0,2, 0,7:0,3, 0,6:0,4, 0,5:0,5, 0,4:0,6, 0,3:0,7, 0,2:0,8 e 0,1:0,9). As amostras foram agitadas em vórtex, seladas numa tampa estanque e deixadas a atingir o equilíbrio a uma temperatura constante (30±0,1°C) num banho de água. A constante de célula foi determinada utilizando uma solução padrão de cloreto de potássio (KCl). A condutividade eléctrica foi medida numa quantidade fixa de água, agitada para homogeneizar e depois registada. As outras amostras foram medidas de forma semelhante. A fotografia do instrumento de condutividade é apresentada na Figura 3.10.

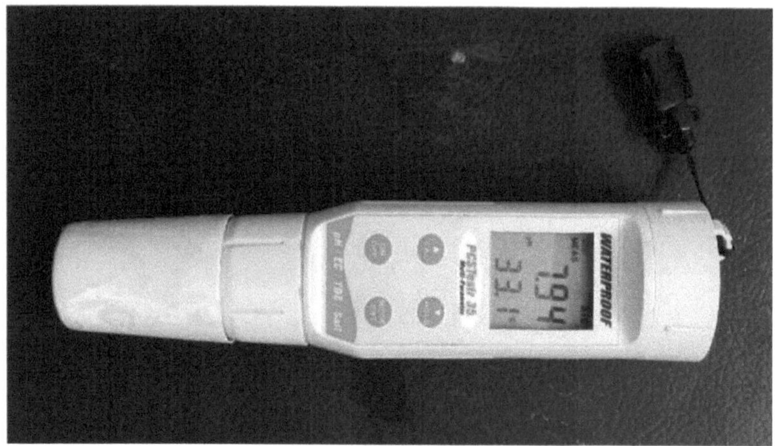

Figura 3.10. Fotografia do medidor de condutividade (modelo PCS Testr 35)

3.4. RESULTADOS E DISCUSSÃO

3.4.1. Caracterização do metil éster sulfonato de sódio

3.4.1.1. Análise FTIR do éster metílico do ácido ricinoleico

O método de espetroscopia de infravermelhos com transformada de Fourier foi utilizado para determinar os grupos químicos funcionais e a disposição das ligações presentes no éster metílico do ácido ricinoleico (no estado líquido). O espetro FTIR do ácido ricinoleico mostra uma banda de estiramento C=O no número de onda de 1738 cm^1 e a presença de um grupo hidroxilo na estrutura do ácido ricinoleico é mostrada no número de onda de 3471 cm^1 onde também se observou um pico de absorção do éster de carbonilo C=O longo e nítido a 1738 cm^1 . A presença de flexão CH2 no número de onda de 724 cm^1 indica um composto de cadeia longa. O pico de absorção C=C não está claramente presente, pois apresenta um pico de absorção fraco devido à presença de apenas uma pequena quantidade de alceno. A partir da observação, não há lactonas presentes porque não há pico de absorção a 1790 cm^1 (Erhan et. al., 1996). As outras absorvâncias indicam a ligação C-H do alcano e a dobra do alcano nos picos de absorção de 2912 cm^1 , 2857 cm^1 e 1463 cm^1 , respetivamente. O espetro FTIR do éster metílico do ácido ricinoleico (RAME) é apresentado na Figura 3.12.

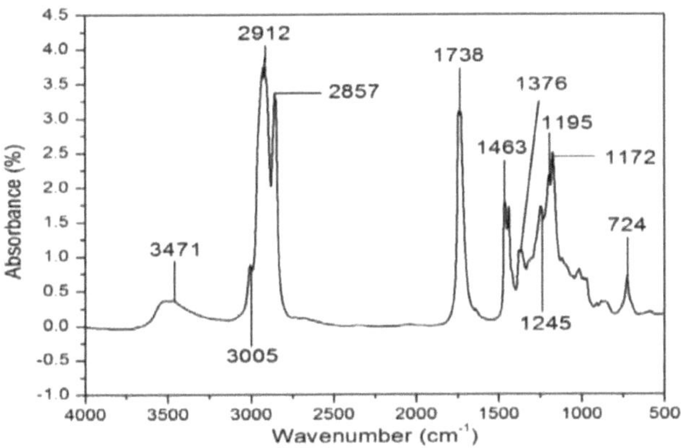

Figura 3.11. Espectro FTIR do éster metílico do ácido ricinoleico (RAME)

3.4.1.2. FTIR do éster metílico sulfonato de sódio

Os grupos químicos funcionais presentes no metil éster sulfonato de sódio (SMES) foram determinados por espectros FTIR. O espetro de infravermelhos do tensioativo SMES é ilustrado na figura 3.11. Os grupos funcionais mais importantes presentes no SMES são apresentados na Tabela 3.2. Os principais grupos funcionais identificados nos espectros FTIR do SMES incluem a banda forte a 1455 cm^{-1} que corresponde geralmente à banda de vibração de flexão assimétrica do grupo metilo (C-H). Ao mesmo tempo, o modo C-H simétrico e assimétrico do grupo -CH3 terminal aparece a 2873 e 2955 cm^{-1} . A vibração larga centrada a 3267 cm^{-1} no SMES deve-se ao estiramento OH da água sorvida. Esta vibração da água adsorvida indica que a propriedade da superfície do SMES foi alterada de hidrofóbica para hidrofílica (He et al., 2004). Uma diferença importante entre as imagens FTIR de RAME (alimentação) e SMES (produto) é a presença de um pico forte a 1158 cm^{-1} indicando a presença de vibração de estiramento do grupo sulfonato (S=O). Este facto confirma que este composto deve ser um éster metílico sulfonato de sódio (Silverstein et al., 2005). Todas as bandas de absorção de IV são analisadas com referência à identificação espectrométrica de compostos orgânicos (Shah et al., 1997).

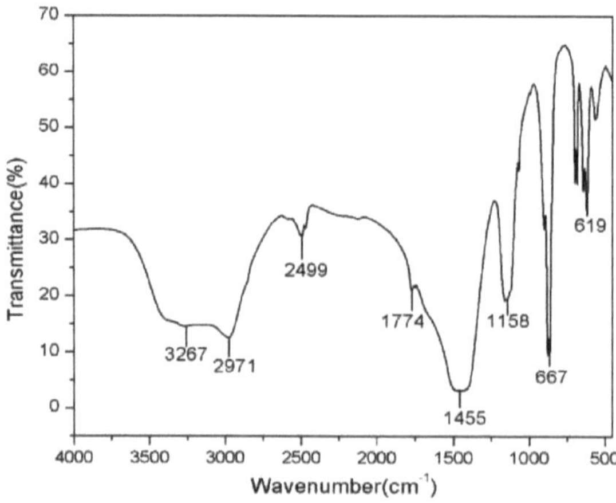

Figura 3.12. Espectro de infravermelhos do tensioativo éster metílico sulfonato de sódio

Tabela 3.2. Grupos funcionais presentes nos espectros de IV do tensioativo SMES

Números de onda (cm)⁻¹	Modo de vibração	Grupo funcional
2955 - 2873	Modo simétrico C-H do-CH3 grupo	Grupo metilo -CH3
1455	Flexão assimétrica C-H	Grupo alcano -C-H
3267	estiramento -OH	H-OH da água
1158	Vibração de estiramento S=O	S=O do sulfonato
667- 619	=Flexão C-H	=C-H do alceno

3.4.1.3. Análise de FE-SEM do tensioativo SMES

As imagens FESEM podem ser utilizadas para estudar a estrutura e o empacotamento dos grãos de uma determinada amostra em várias ampliações. Com base nestas observações, é possível analisar a forma como os grãos estão compactados e, por conseguinte, a permeabilidade do SMES. A morfologia da superfície do tensioativo SMES, examinada por FESEM, é apresentada na Figura 3.13. As imagens FESEM mostram a morfologia do tensioativo SMES com ampliações de 1μm e 200 nm, respetivamente. O tensioativo SMES sintetizado tem uma estrutura de partículas esféricas alongadas. A imagem FESEM ilustra que as partículas do tensioativo estão agrupadas ou em forma de aglomerado. Além disso, pode ver-se na figura que as partículas têm forma e tamanho irregulares (Munin et al., 2011). A presença de estruturas alongadas sugere que o aquecimento a temperaturas mais elevadas pode levar à formação da estrutura alongada observada no tensioativo SMES.

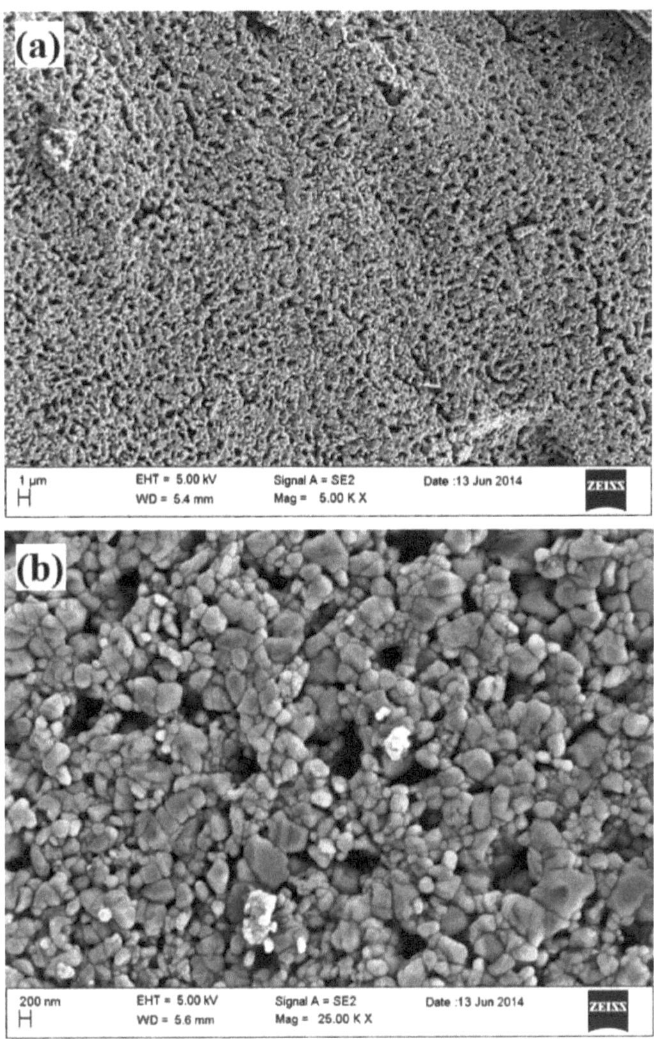

Figura 3.13. Micrografia FESEM do tensioativo SMES com diferentes ampliações (a) 1µm (b) 200 nm

3.4.1.4. Medição da análise gravimétrica térmica (TGA) de SMES

A análise térmica do tensioativo SMES foi efectuada e está ilustrada na figura 3.14. Foram observadas três etapas de perda de massa, como indicado na Tabela 3.3. A primeira região, com uma perda de massa de 4,4% da temperatura ambiente até 100 °C, corresponde à perda de moléculas de água fracamente ligadas (Carlino et al., 1998; Prinetto et al., 2000). Em seguida, 27,6% de perda de massa ocorreu acentuadamente na segunda região, de 100 °C a 150 °C, revelando que as moléculas de SMES começam a decompor-se a temperaturas superiores a 100 °C. A terceira região de degradação, de 150

°C a 500 °C, representa uma decomposição térmica complexa que pode resultar da adição de um grupo sulfonato com uma perda de massa de 2,93%, pelo que os componentes residuais do tensioativo SMES eram termicamente estáveis até 500 °C (Carlino et al., 1995; Xi et al., 2005). Mas como a temperatura habitual dos reservatórios varia entre 50 °C e 120 °C, o tensioativo SMES retém uma média de 85,91% da sua estrutura e massa originais (Zahari et al., 2006). Pode concluir-se que o tensioativo SMES é termicamente estável à temperatura desejada do reservatório para a aplicação da recuperação melhorada de petróleo.

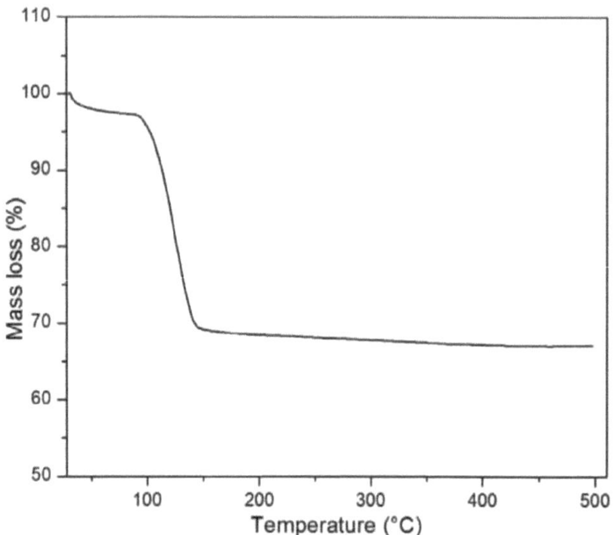

Figura 3.14. Curva de estabilidade térmica do tensioativo SMES

Tabela 3.3. Percentagem de perda de massa do tensioativo SMES a diferentes temperaturas

Surfactante	Perda de massa (%)	Gama de temperaturas (°C)
	4.4	25 - 100 °C
PME	27.6	100 - 150 °C
	2.93	150 - 500 °C

3.4.1.5. Medição da dispersão dinâmica da luz do tensioativo SMES

A figura 3.15 mostra que o diâmetro hidrodinâmico aumenta com o aumento da concentração do tensioativo SMES. Compreende-se que o aumento do diâmetro hidrodinâmico resulta da agregação das moléculas. O movimento das partículas dá lugar à difusão em várias soluções tensioactivas, onde a taxa de difusão é mais rápida para as partículas pequenas, o que significa que o tamanho das partículas é pequeno, contribuindo para uma difusão mais rápida (Kim et al., 2004). Pode concluir-se que, com o aumento da concentração do tensioativo SMES, o tamanho das partículas aumenta simultaneamente.

A tabela 3.4 mostra a distribuição do tamanho das partículas do tensioativo SMES pelo método DLS.

Por outras palavras, para a solução de tensioativo SMES, observámos que os tamanhos das micelas apresentam uma tendência crescente com o aumento da concentração de tensioativo SMES. Este facto deve-se ao comprimento da cadeia do tensioativo e à força iónica da solução tensioactiva (Gracia et al., 2004; Dorsow et al., 1983). A Figura 3.15 mostra um aumento linear do diâmetro hidrodinâmico com o crescimento do tensioativo, o que sugere que as micelas se encontram no regime atrativo.

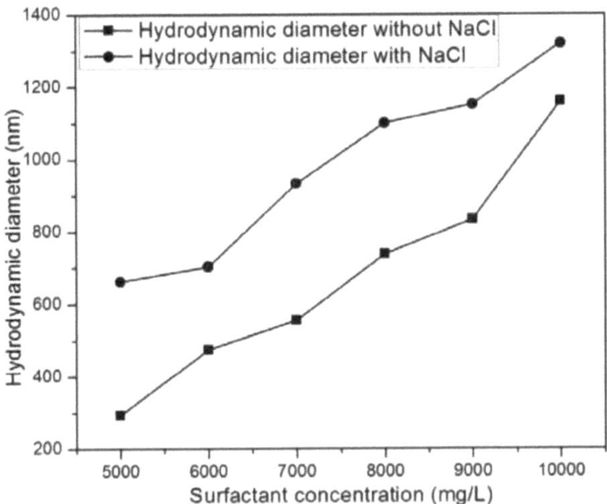

Figura 3.15. Análise DLS do tensioativo SMES na presença de (3% NaCl) e (0% NaCl)

Tabela 3.4. Análise DLS do tensioativo SMES

S.N.	Diâmetro hidrodinâmico (nm)		Concentração do tensioativo SMES (mg/L)
	Sem cloreto de sódio (NaCl)	Com cloreto de sódio (NaCl)	
1	293.6	662.5	5000
2	474.8	703.6	6000
3	555.9	933.1	7000
4	738.7	1100	8000
5	834.1	1151	9000
6	1159	1320	10000

3.4.1.6. Construção do diagrama de fases pseudoternário para SMES

surfactante

A Figura 3.16 mostra um diagrama de fase pseudoternário para misturas de óleo, cosurfactante/surfactante e água em várias composições. Todos os tipos de dispersão, incluindo a microemulsão convencional de água em óleo e de óleo em água, a estrutura cristalina líquida bicontínua e de transição com elevada capacidade de inchamento foram formados por cosurfactante/surfactante (Azira et al., 2003). Uma grande área de microemulsão (Winsor IV+ Sólido) é formada por óleo, co-surfactante/surfactante e água (Mo et al., 2000). Uma região de fase única (Winsor IV) é observada quando ocorre a transição de uma microemulsão de óleo em água perto do vértice de água para uma microemulsão de água em óleo perto do vértice de n-heptano através de uma estrutura bicontínua. A grande área de microemulsão óleo em água formada pelo tensioativo deve-se à grande razão de empacotamento molecular do tensioativo na região de duas fases (Winsor I) (Azira et al., 2008; Bera et al 2011).

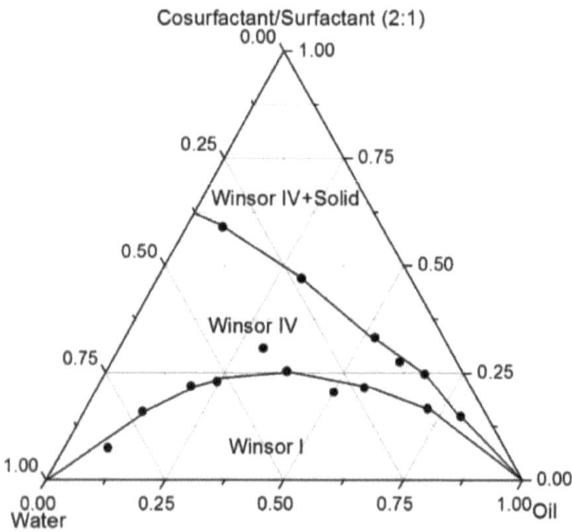

Figura 3.16. Representação esquemática do diagrama de fases pseudoternário formado por misturas de cosurfactante/surfactante, óleo e água em várias composições

3.4.1.7. Medição da condutividade eléctrica da solução SMES

A condutividade eléctrica da microemulsão de diferentes proporções mássicas de n-heptano para (n-hexanol/SMES) foi medida numa quantidade fixa de água utilizando um medidor de condutividade. Assim, quando o tensioativo começou a agregar-se, observou-se claramente um aumento da condutividade a partir da Figura 3.17 com uma pequena quantidade de iões Na^+. Este resultado assemelha-se à percolação da agregação do tensioativo numa região isotrópica onde as gotículas de água na solução tensioactiva se agrupam rapidamente para formar uma estrutura aberta para o transporte eficiente de iões Na^+ por fusão transitória e mudanças de massa. A fração de grupos de cabeça de micelas neutralizados com iões depende apenas das moléculas de água. Estes resultados estão de acordo com a medição da condutividade que aumenta com o grau de ionização do micelar (Paul et al., 1992; Jada et al., 1990; Mukhopadhyay et al., 1990).

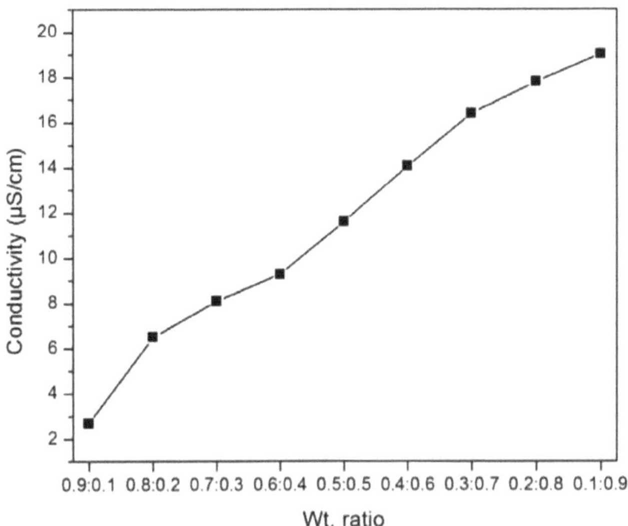

Figura 3.17. Condutividade com diferentes proporções mássicas de n-Heptano: (n-Hexanol/SMES surfactante)

3.5. CONCLUSÕES

No presente estudo, o metil éster sulfonato de sódio foi sintetizado a partir de óleo de rícino não comestível para ser utilizado como tensioativo na recuperação de petróleo. O óleo de rícino é uma matéria-prima barata, natural e renovável e o surfactante é obtido a partir dele. Com base nos resultados experimentais, que foram conduzidos para examinar a caraterização do surfactante éster sulfonato de metilo de sódio, podem ser tiradas as seguintes conclusões.

1.   A análise de ligação por estudo FTIR é o principal parâmetro que demonstra diferentes ligações químicas na superfície para identificar os tipos de químicos adsorvidos. Os espectros FTIR confirmaram a presença do grupo sulfonato (S=O) a 1158 cm^{-1} , o que indica que este composto deve ser um éster metílico sulfonato de sódio.

2. A morfologia da superfície do tensioativo SMES mostrou uma forma esférica alongada com diferentes diâmetros, o que sugere que o aquecimento a temperaturas mais elevadas pode levar à formação de uma estrutura alongada

3. O metil éster sulfonato de sódio mostra uma boa estabilidade térmica à temperatura do reservatório, onde se observa uma perda de massa de 14,1%. Pode concluir-se que o tensioativo SMES é termicamente estável à temperatura desejada do reservatório para a aplicação da recuperação melhorada de petróleo.

4. Os estudos de DLS da solução aquosa do tensioativo SMES acima da CMC mostram que o tamanho das micelas aumenta com o aumento da concentração do tensioativo SMES.

5. Verificou-se que a condutividade da microemulsão aumenta com o aumento da concentração de surfactante devido à agregação de iões Na^+.

6. A partir do diagrama de fases pseudoternárias do sistema óleo, co-surfactante/surfactante e água, foram identificadas três fases diferentes. Uma grande área de microemulsão de óleo em água (Winsor I) formada pelo tensioativo é uma indicação importante da utilização do tensioativo para a inundação de microemulsões na recuperação melhorada de petróleo.

CAPÍTULO- 4

SÍNTESE E CARACTERIZAÇÃO DE UM TENSIOACTIVO POLIMÉRICO

Neste capítulo, é discutida a síntese e a caraterização de um novo tensioativo polimérico para a sua aplicação na recuperação avançada de petróleo. Para reduzir o custo da produção de tensioactivos poliméricos, é dada muita atenção aos óleos não comestíveis derivados da agricultura como matérias-primas alternativas para as indústrias petrolíferas. A polimerização foi conduzida com diferentes rácios de tensioativo/acrilamida para redução da tensão interfacial e controlo da viscosidade. O tensioativo utilizado neste estudo foi sintetizado utilizando o éster metílico do ácido ricinoleico presente no óleo de rícino. O tensioativo polimérico sintetizado foi caracterizado por radiação infravermelha com transformada de Fourier (FTIR), microscopia eletrónica de varrimento de emissão de campo (FESEM), raios X dispersivos de energia (EDX), análise gravitacional térmica (TGA) e análise dinâmica de dispersão de luz (DLS). Os pesos moleculares dos tensioactivos PMES (P1, P2, P3, P4 e P5) foram determinados pelo viscosímetro de Ostwald.

4.1. INTRODUÇÃO

Os processos químicos de recuperação avançada de petróleo (EOR) englobam uma variedade de mecanismos, incluindo a utilização de polímeros para aumentar a eficiência macroscópica, melhorando o controlo da mobilidade (Samanta et al., 2013; Shiran et al., 2013; Guo et al., 2013), a redução da tensão interfacial óleo/água e a alteração da molhabilidade (Bera et al., 2012). O método químico mais utilizado para melhorar a recuperação de petróleo é a inundação de polímeros. A ideia básica subjacente à utilização de polímeros solúveis em água na operação de muitos campos petrolíferos e em vários processos de recuperação avançada de petróleo é reduzir a mobilidade da fase de deslocamento e, consequentemente, melhorar a eficiência da varredura (Green et al., 1998). Os polímeros solúveis em água de elevado peso molecular em concentrações diluídas aumentam significativamente a viscosidade da água. Além disso, a adsorção do polímero diminui a permeabilidade à água, o que também reduz a mobilidade (Mishra et al., 2014). Existem muitos polímeros solúveis em água com potencial de utilização nestas aplicações.

A adição de surfactante diminui a tensão interfacial entre o petróleo bruto e a água de formação, reduz as forças capilares, facilita a mobilização do petróleo e melhora a recuperação de petróleo. Na inundação de polímeros tensioactivos (SP) para melhorar a recuperação de petróleo, são injectadas soluções de tensioactivos e polímeros com o objetivo de reduzir a IFT entre o petróleo bruto e a água e aumentar a viscosidade do fluido de deslocamento. No entanto, a utilização de tensioactivos e polímeros é rentável e a formulação e conceção adequadas são também muito complicadas, podendo ocorrer uma separação indesejável das fases devido a uma mistura inadequada. Recentemente, foram publicados alguns trabalhos interessantes sobre a síntese de tensioactivos poliméricos para a sua aplicação na recuperação avançada de petróleo (Elraies et al., 2011; Cao et al., 2002). As principais vantagens dos tensioactivos poliméricos são a sua capacidade de melhorar o rácio de mobilidade e a redução da tensão interfacial. Assim, a injeção de apenas um produto químico é suficiente para uma recuperação significativa de petróleo.

No presente estudo, foi feita uma tentativa de sintetizar o tensioativo polimérico a partir de óleo vegetal (óleo de rícino) para a sua aplicação na recuperação química de petróleo. Em primeiro lugar, foi sintetizado um tensioativo ecológico, o metil éster sulfonato de sódio (SMES) a partir do óleo de rícino e, em seguida, o tensioativo polimérico (PMES) foi produzido por reação de co-polimerização de enxerto utilizando diferentes proporções de tensioativo para acrilamida. Para reduzir o custo da produção de tensioactivos poliméricos, tem sido dada muita atenção aos óleos não comestíveis derivados da agricultura como matérias-primas alternativas para as indústrias petrolíferas. A ideia básica é ligar o grupo sulfonato a um grupo hidrofóbico de uma cadeia associativa de polímeros (Abdala, 2002) para reduzir a tensão interfacial e controlar a viscosidade. O polímero modificado hidrofobicamente tem uma estrutura telequélica em que as cadeias são cobertas nas extremidades com os grupos hidrofóbicos e em que os grupos hidrofóbicos são enxertados aleatoriamente na espinha dorsal do polímero (Karlson, 2002). A espinha dorsal tem uma caraterística polielectrólito e é composta por um polímero de acrilamida. Após a neutralização, a espinha dorsal do polímero adopta uma conformação mais alongada, permitindo que os grupos hidrofóbicos se associem, formando um tensioativo polimérico (Abdala, 2002).

Podem ser utilizadas muitas vias sintéticas diferentes para introduzir cadeias de enxerto na superfície de um polímero (Uchida e Ikada, 1996; kato et al., 2003). Os métodos de enxerto podem ser geralmente divididos em duas formas: processos de enxerto de e enxerto para (Kang e Zhang, 2000; Zhao e Brittain 2000). Neste trabalho, foi utilizado um método de enxerto para ligar o grupo sulfonato à espinha dorsal do polímero para iniciar a polimerização de monómeros a partir da superfície em direção à fase em massa (Ye et al., 2004). O óleo de rícino foi selecionado por ser um óleo não comestível e amigo do ambiente. Finalmente, é uma árvore perene, resistente à seca, que cresce em terras marginais e pode viver mais de 100 anos. Nestas condições, espera-se que o fornecimento e a disponibilidade de óleo de rícino não sejam uma grande preocupação.

4.2. SECÇÃO EXPERIMENTAL

4.2.1. Materiais utilizados

O metil éster sulfonato de sódio (SMES) sintetizado a partir de óleo de rícino foi utilizado como surfactante na polimerização. O persulfato de potássio (99%), a acrilamida ($\geq$99%) e a acetona foram adquiridos à Merck India. O cloreto de sódio (99%) (Loba Chemie) em pó foi utilizado como agente alcalino para simular a nova fórmula química utilizando água destilada.

4.2.2. Aparelhos e metodologia

4.2.2.1. Síntese do éster metílico polimérico sulfonado (PMES)

O primeiro sulfonato de éster metílico foi sintetizado a partir do óleo de rícino pelo método de sulfonação. O principal componente do óleo de rícino é a forma hidrogenada do ácido gordo conhecido como éster metílico do ácido ricinoleico (RAME) (85-90%). O princípio deste processo foi ligar o grupo sulfonato de SMES à espinha dorsal do polímero (monómero de acrilamida) como um sistema de um componente para redução interfacial e controlo da viscosidade.

A polimerização foi realizada utilizando o metil éster sulfonato de sódio (SMES) como surfactante, a acrilamida como monómero (AAM) e o persulfato de potássio (KPS) como iniciador. Os tensioactivos poliméricos (PMES) foram sintetizados com diferentes proporções de peso de SMES: AAM (1:0,4, 1:0,5, 1:0,6, 1:0,8 e 1:1). Os produtos correspondentes são designados como P1, P2, P3, P4 e P5. A solução de surfactante foi preparada dissolvendo uma quantidade adequada de SMES em 80 mL de água destilada num balão de fundo redondo de três gargalos. Uma quantidade adequada de monómero de acrilamida foi dissolvida em 10 mL de água destilada num copo. Em seguida, a solução de acrilamida foi adicionada à solução de surfactante e agitada sob atmosfera de azoto até se observar uma solução límpida. A solução foi aquecida a 65 °C, e o iniciador (KPS) foi adicionado gota a gota utilizando uma seringa de vidro de injeção. Em seguida, a polimerização foi conduzida durante 2 h utilizando um banho de óleo com agitador automático. Durante a reação de polimerização, o caudal de azoto foi devidamente controlado devido à natureza viscosa do produto em bruto. O produto em bruto foi depois extraído com acetona e seco a 60 °C numa estufa durante 12 horas. A Figura 4.1 apresenta um fluxograma para a síntese de PMES. A montagem experimental utilizada para a síntese do PMES é apresentada na Figura 4.2.

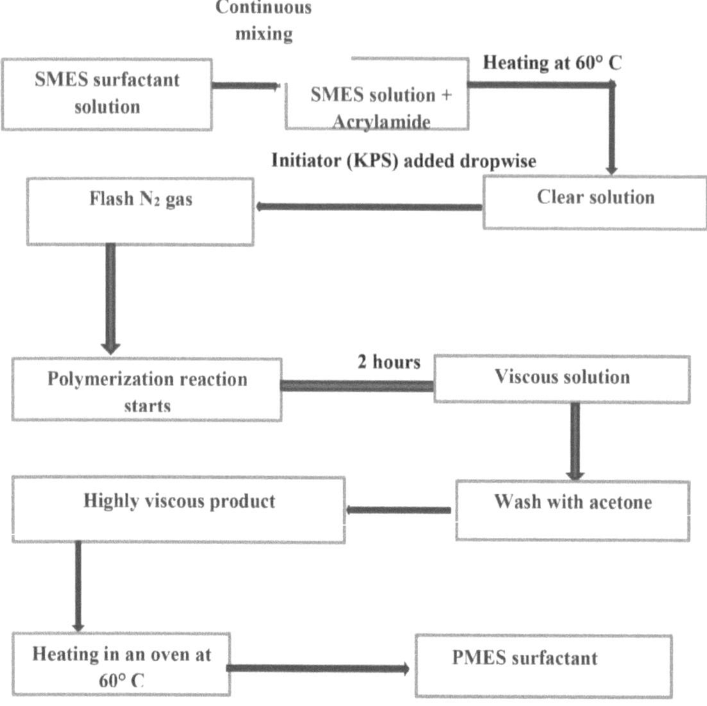

Figura 4.1. Fluxograma das fases de produção do tensioativo PMES

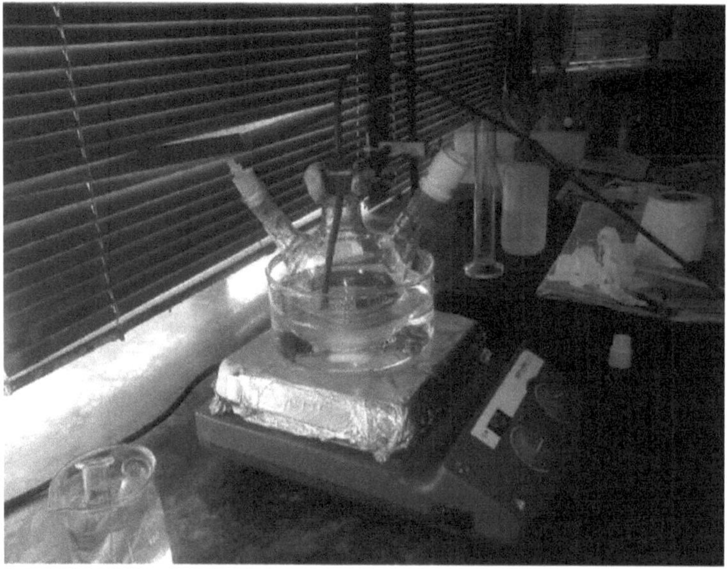

Figura 4.2. Configuração experimental para a síntese de ésteres metílicos sulfonados poliméricos

4.2.2.2. Mecanismo de reação do PMES

Durante a polimerização por radicais livres, o sítio ativo do radical é gerado pela presença de um iniciador radicalar. No tensioativo metil éster sulfonato de sódio (SMES), existem duas probabilidades de gerar o radical livre na cadeia do tensioativo. A quebra da ligação - OH ou a clivagem da ligação C=C (insaturação). Uma vez que a polaridade da ligação -OH é maior do que a da ligação C=C, isto resulta numa maior proporção de radicais livres para enxertar no local -OH sem a divisão da ligação de insaturação C-C. De facto, a formação da cadeia de poliacrilamida teve lugar no substituinte hidroxilo (-OH) do tensioativo (SMES) e não na porção de insaturação do tensioativo. A figura 4.3 apresenta um esquema da reação química proposta para a formação de PMES. O produto, PMES, após secagem é apresentado na Figura 4.4.

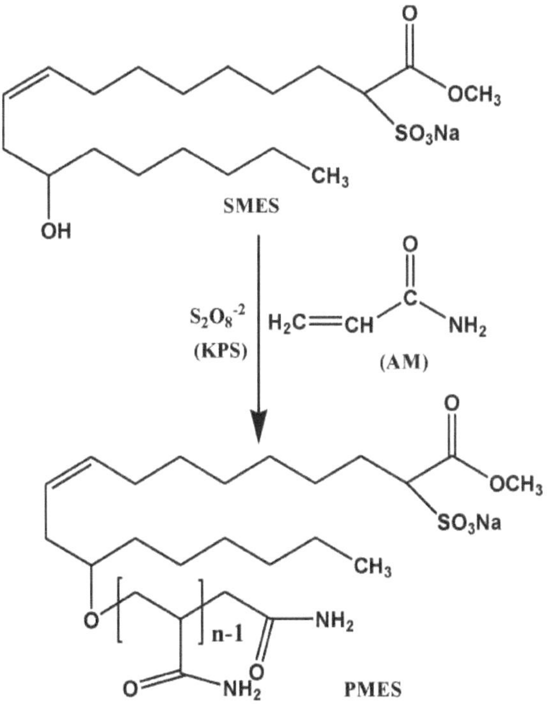

Figura 4.3. Representação esquemática da reação química proposta para a síntese de PMES

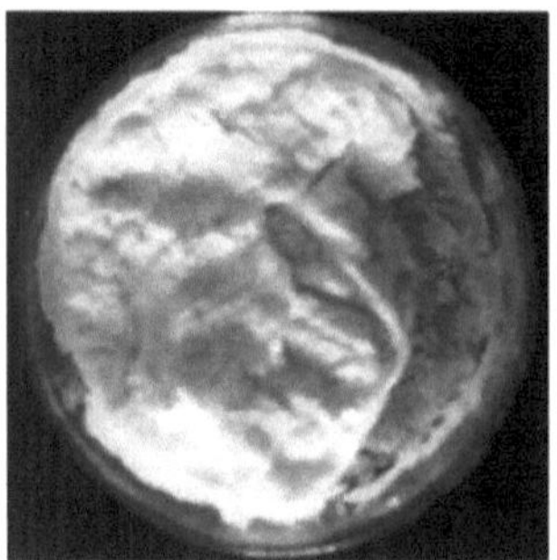

Figura 4.4. Surfactante PMES sintetizado após secagem

4.3. Caracterização do éster metílico polimérico sulfonado (PMES)

4.3.1. Análise de FTIR

A espetroscopia de infravermelhos tem sido uma técnica de grande utilidade para a análise de materiais em laboratório há mais de setenta anos. Um espetro de infravermelhos representa uma impressão digital de uma amostra com picos de absorção que correspondem às frequências de vibração entre as ligações dos átomos que constituem o material. Uma vez que cada material diferente é uma combinação única de átomos, não há dois compostos que produzam exatamente o mesmo espetro de infravermelhos. Por conseguinte, a espetroscopia de infravermelhos pode resultar numa identificação positiva (análise qualitativa) de cada tipo diferente de material. Além disso, o tamanho dos picos no espetro é uma indicação direta da quantidade de material presente. Com os modernos algoritmos de software, o infravermelho é uma excelente ferramenta para a análise quantitativa. Um espetro de transmissão de IV é medido como percentagem de transmissão (T %) do feixe de IV através da amostra em função do número de onda ou do comprimento de onda. A função de transmissão é definida como $T = I_{trans}/I_0$, em que I_0 é a intensidade de IV incidente na amostra e I_{trans} é a intensidade transmitida através da amostra. As quedas na transmissão ocorrem nas frequências dos modos vibracionais activos da amostra por infravermelhos ou na sua proximidade. Se o analista estiver interessado em "identificar" compostos orgânicos (por exemplo, polímeros e produtos farmacêuticos), é útil poder examinar todas as bandas presentes como uma percentagem de transmissão (%T). A escala percentual tem a vantagem de realçar as bandas pequenas e é particularmente útil para técnicas de rácio de altura de banda. No entanto, a %T não é uma função linear da concentração; em vez disso, é necessário utilizar a absorvância. Os espectros de infravermelhos do PMES, do quartzo e do petróleo bruto foram registados entre 4000 e 400 cm^{-1} utilizando técnicas de pastilhas de KBr num espetrofotómetro de infravermelhos (IR) científico spectra two (Perkin Elmer, M500). Os espectros foram interpretados segundo o método de Ganz e Kalkreuth. A principal aplicação desta técnica consiste em detetar a estrutura das espécies químicas e fornecer medidas quantitativas, com base nos picos de absorção e de vibração molecular. Para a análise FTIR, 3-4 mg de amostra seca foram misturados com 300-400 mg de pó de KBr, que foi utilizado como amostra padrão de referência. A mistura foi então comprimida por uma bomba hidráulica para formar um pellet, que foi colocado num exsicador para remover o teor de humidade da amostra. Em seguida, as amostras secas foram utilizadas para a determinação dos espectros FTIR. Todas as bandas de absorção de IV são analisadas com referência à identificação espectrométrica de compostos orgânicos (Silverstein et al., 2005).

4.3.2. Análise de FE-SEM do surfactante PMES

A microscopia eletrónica de varrimento por emissão de campo (FESEM) é uma das técnicas analíticas mais versáteis e bem conhecidas para o estudo morfológico. Em comparação com o microscópio ótico convencional, o microscópio eletrónico oferece vantagens como a grande ampliação, a grande profundidade de focagem, a grande resolução e a facilidade de preparação e observação das amostras. Os electrões gerados por um canhão de electrões entram na superfície de uma amostra e geram muitos electrões secundários de baixa energia. A intensidade destes electrões secundários é determinada pela topografia da superfície da amostra. Assim, é construída uma imagem da superfície da amostra medindo a intensidade dos electrões secundários em função da posição do feixe de electrões primários de varrimento. A morfologia da superfície do tensioativo polimérico preparado foi examinada por FE-SEM SUPRA 55 ZEISS (Alemanha). O PMES foi condicionado numa estufa de vácuo a 60 °C durante 24 h para redução da humidade e revestido com um revestimento de platina antes da análise para obter resultados mais precisos. Uma pequena quantidade de pó seco (0,01 g) foi colocada em fita adesiva de carbono em suportes de Al padrão. O carregamento das amostras devido à presença de água é atenuado com o revestimento de platina e visualizado a 20 kV.

4.3.3. Análise de EDX do tensioativo PMES

A análise de raios X por dispersão de energia (EDX) é uma ferramenta útil amplamente utilizada na análise química. A intensidade dos electrões retrodifundidos gerados pelo bombardeamento de electrões pode ser correlacionada com o número atómico do elemento dentro do volume de amostragem. Assim, pode ser revelada informação elementar qualitativa. Os raios X característicos emitidos pela amostra funcionam como impressões digitais e fornecem informações elementares sobre as amostras, incluindo a análise semiquantitativa, a análise quantitativa, a caraterização de linhas e a distribuição espacial dos elementos. O EDX é uma técnica analítica utilizada para a análise elementar ou a caraterização química de uma amostra. Baseia-se na interação de uma fonte de excitação de raios X com uma amostra. As suas capacidades de caraterização devem-se, em grande parte, ao princípio fundamental de que cada elemento tem uma estrutura atómica única que permite um conjunto único de picos no seu espetro de emissão de raios X. Para estimular a emissão de raios X característicos de uma amostra, um feixe de alta energia de partículas carregadas, tais como electrões ou protões, ou um feixe de raios X, é focado na amostra em estudo. Em repouso, um átomo da amostra contém electrões no estado fundamental ou no estado não excitado, em níveis de energia discretos ou cascas de electrões ligadas ao núcleo. O feixe incidente pode excitar um eletrão de uma camada interna, ejectando-o da camada e criando um buraco eletrónico. Um eletrão de um invólucro exterior de energia mais elevada preenche então o buraco, e a diferença de energia entre o invólucro de energia mais elevada e o invólucro de energia mais baixa pode ser libertada sob a forma de um raio-X. O número e a energia dos raios X emitidos por uma amostra podem ser medidos por um espetrómetro de dispersão de energia. Como as energias dos raios X são características da diferença de energia entre as duas camadas e da estrutura atómica do elemento emissor, o EDX permite medir a composição elementar da amostra.

A análise elementar do tensioativo polimérico foi registada utilizando o SUPRA 55 ZEISS (Alemanha). O tensioativo polimérico foi pulverizado com ouro. O espetro de espetroscopia de raios X por dispersão de energia (EDX) da energia versus contagens relativas dos raios X detectados é obtido e avaliado para determinações qualitativas e quantitativas dos elementos no tensioativo polimérico.

4.3.4. Análise da estabilidade térmica do tensioativo PMES

A análise gravimétrica térmica mede a quantidade de mudança de peso de um material, quer em função do aumento da temperatura, quer isotermicamente em função do tempo, numa atmosfera de azoto, hélio, ar, outro gás ou no vácuo. A TGA pode ser ligada a um espetrómetro de massa ou a um analisador de gases residuais (RGA) para identificar e medir os vapores gerados, embora haja uma maior sensibilidade em duas medições separadas. A análise de gases residuais (RGA) mede as pressões parciais dos gases individuais numa mistura. Nesta técnica, vários materiais como materiais inorgânicos, metais, polímeros, cerâmicas, vidros e materiais compósitos podem ser analisados diretamente. Geralmente, o ensaio é efectuado numa gama de temperaturas de 25°C a 500°C. O intervalo máximo de temperatura é de até 1000°C. O peso da amostra pode variar de 1 mg a 150 mg. É preferível um peso de amostra superior a 25 mg, mas por vezes obtêm-se excelentes resultados com 1 mg de material. A sensibilidade da alteração de peso é de 0,01 mg. As amostras podem ser analisadas sob a forma de pó ou de pequenos pedaços, de modo a que a temperatura interior da amostra se mantenha próxima da temperatura do gás medido.

A análise termogravimétrica do tensioativo polimérico foi obtida utilizando um instrumento TGA, Netzsch-STA 449 Jupiter. TGA de alta resolução funcionando a uma rampa de 23,7 °C/min com uma resolução de 6,0 °C de 25°C a 500°C numa atmosfera de azoto de alta pureza. Aproximadamente 0,04 g de amostra finamente moída foi aquecida num cadinho de platina aberto. A TGA determina as alterações da perda de peso do novo tensioativo polimérico (PMES) em função da temperatura.

4.3.5. Medição do diâmetro hidrodinâmico da solução de surfactante PMES pelo método DLS

A dispersão dinâmica da luz ou DLS (também referida como espetroscopia de correlação de fotões ou dispersão quase elástica da luz) é uma das técnicas mais úteis utilizadas para a determinação do perfil do tamanho das partículas em soluções. Permite o dimensionamento de partículas até 1 nm de diâmetro. A DLS funciona medindo a intensidade da luz dispersa pelas moléculas da amostra em função do tempo. Quando a luz é dispersa por uma molécula, parte da luz incidente é dispersa. Se a molécula estivesse estacionária, a quantidade de luz dispersa seria constante. Mas, como todas as moléculas em solução se difundem com movimento browniano em relação ao detetor, ocorre interferência (construtiva ou destrutiva) causando uma mudança na intensidade da luz. Ao medir a escala de tempo das flutuações da intensidade da luz, a DLS fornece informações sobre o tamanho médio, a distribuição do tamanho e a polidispersão das moléculas em solução. Quanto mais rapidamente as partículas se difundirem, mais rapidamente a intensidade mudará (se a luz fosse suficientemente brilhante, isto seria visto como um efeito de cintilação). A velocidade destas alterações está assim diretamente relacionada com o movimento da molécula. Se a temperatura e o solvente forem constantes e conhecidos, a variação da intensidade da luz dispersa está diretamente relacionada com o "tamanho" da molécula. Este número é designado por diâmetro hidrodinâmico (D_h). O diâmetro hidrodinâmico representa a esfera, que é definida pela molécula em rotação em todas as direcções mais a camada de hidratação, modificada pela facilidade com que o solvente passa através desse volume. Na realidade, é uma medida da facilidade com que a molécula se move através do solvente. A análise do tamanho das partículas do tensioativo PMES em solução aquosa foi determinada utilizando o ZETASIZER (Nano- S90, Nano series Malvern) a 30 ±0,1°C. O comprimento de onda do laser foi de 633 nm e o ângulo de dispersão de 90°. O índice de refração (1,332) de cada solução foi medido com um refractrómetro portátil (refrato 30PX mettler). Todas as amostras foram preparadas em água destilada e filtradas com uma membrana de 0,2 µm de porosidade para remover possíveis partículas de poeira da solução. A absorvância das soluções PMES foi medida utilizando UV-1800 (espetrofotómetro UV- VIS Shimadzu, Japão) no comprimento de onda de 217 nm. O valor de absorvância obtido foi de 2,33.

4.3.6. Medição do peso molecular do tensioativo PMES

O peso molecular do PMES foi medido utilizando um viscosímetro de Ostwald num ambiente fresco proporcionado por um banho de água a (30±0,1) °C. Uma solução medida da solução de tensioativo desejada foi vertida numa extremidade do viscosímetro e a solução foi colocada à pressão atmosférica para medir a sua queda através de um volume especificado (5 ml). O tempo necessário para esvaziar o volume desejado foi calculado, o que, por sua vez, deu o valor da viscosidade intrínseca. A equação de Mark-Houwink foi utilizada para determinar os valores do peso molecular de P1, P2, P3, P4 e P5 a partir dos valores da viscosidade intrínseca. A equação de Mark-Houwink estabelece uma relação entre a viscosidade intrínseca [η] e o peso molecular M.

$$[\eta] = K. M^a \tag{4.1}$$

K e a são constantes cujos valores dependem da natureza do polímero e do solvente, bem como da temperatura.

4.4. RESULTADOS E DISCUSSÃO

4.4.1. FTIR do tensioativo PMES

Os tensioactivos poliméricos produzidos à base de metil éster sulfonato de sódio foram também caracterizados por FTIR. Os espectros de IV de todos os tensioactivos poliméricos produzidos (P1, P2, P3, P4 e P5) apresentam um padrão semelhante, mas a percentagem de transmissão é diferente devido à variação dos seus pesos moleculares. Os espectros de infravermelhos indicam que as estruturas químicas destes cinco tensioactivos poliméricos são as mesmas. A figura 4.5 ilustra os espectros de infravermelhos dos cinco tensioactivos poliméricos (P1, P2, P3, P4 e P5) com diferentes proporções de peso. A ligação dupla carbono-carbono do tensioativo polimérico é confirmada pelos espectros a 1670 cm^{-1} . O pico a 1550 cm^{-1} mostra a presença de N-H (grupo amida) devido à vibração de estiramento C=O. O espetro indica que os pequenos picos de 3414-2956 cm^{-1} mostram a presença de amidas primárias e secundárias devido ao estiramento N-H. Os picos entre 1171 - 1122 cm^{-1} e 1413 cm^{-1} indicam a presença de grupos sulfonato devido à vibração de estiramento S=O. O pico de absorção a 1774 cm^{-1} indica a vibração de estiramento S=O indicando a presença de ésteres. A presença de um pico significativo a 1455 cm^{-1} corresponde à banda de vibração de flexão assimétrica do grupo metilo (C-H). Os picos fortes a 1413 cm^{-1} e 1670 cm^{-1} representam a vibração de estiramento do grupo sulfonato e amida, o que mostra que este composto deve ser um éster sulfonato de metilo polimérico (Silverstein et al., 2005). Os espectros de IV correspondentes a um grupo funcional específico do PMES são apresentados na Tabela 4.1.

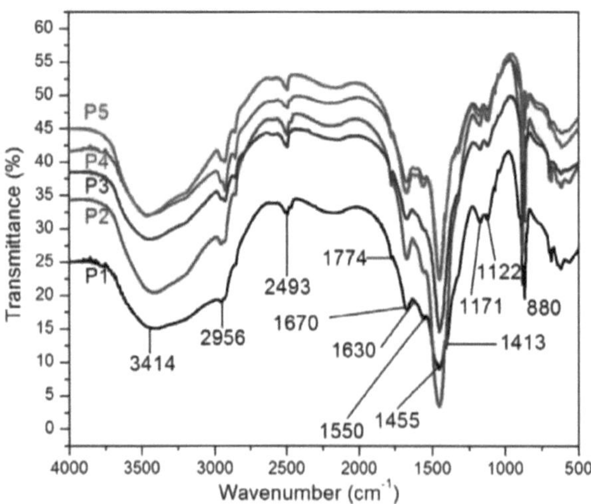

Figura 4.5. Espectro FTIR dos tensioactivos poliméricos (P1, P2, P3, P4 e P5)

Tabela 4.1. Grupos funcionais presentes nos espectros de IV do tensioativo PMES

Número de onda (cm)$^{-1}$	Modo de vibração	Grupo funcional

1550	estiramento C=O	N-H (grupo amida)
1670	estiramento C=C	C=O de carbonilo/carboxílico
3414-2956	estiramento N-H	N-H (primário e secundário)
		Amidas)
1171-1122	Estiramento S=O	S=O (grupo sulfonato)
1413	Estiramento S=O	S=O (grupo sulfonato)
1774	estiramento N-H	S=O de grupos ésteres
1455	Flexão assimétrica	Grupo metilo C-H

4.4.2. Análise da microscopia eletrónica de varrimento por emissão de campo (FESEM)

A morfologia da superfície do tensioativo PMES foi observada por FESEM e é mostrada na Figura 4.6. Esta mostra que o tensioativo PMES sintetizado tem um tamanho de partícula esférico alongado e não tem uma distribuição de tamanho uniforme. As partículas do tensioativo polimérico estão em forma de aglomerado. A presença de uma estrutura alongada sugere que o aquecimento a temperaturas mais elevadas pode levar à formação da estrutura alongada observada no PMES (Munin et al., 2011). Os resultados também provaram completamente que o cloreto de sódio pode destruir a agregação molecular do tensioativo polimérico. Devido à interação entre o cloreto de sódio e o PMES, a agregação molecular em solução é destruída e o número de monomoléculas aumenta, o que resulta na redução do valor do IFT da solução de PMES na presença de cloreto de sódio (Barakat et al., 1989).

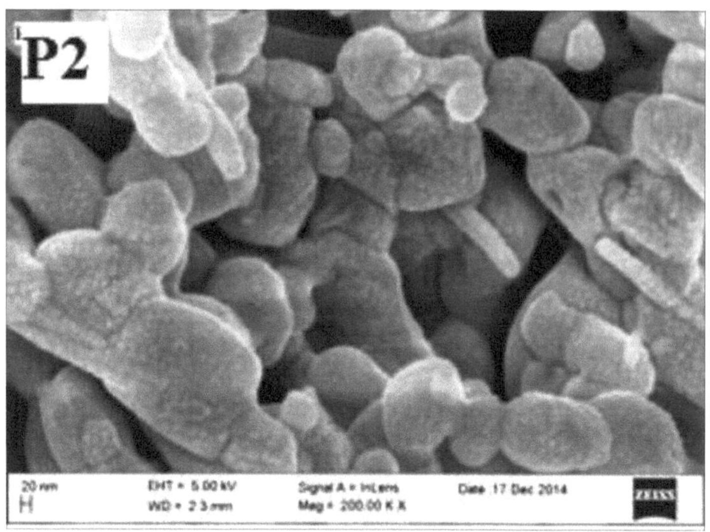
P2
20 nm
EHT = 5.00 kV
WD = 2.3 mm
Signal A = InLens
Mag = 200.00 K X
Date :17 Dec 2014
ZEISS

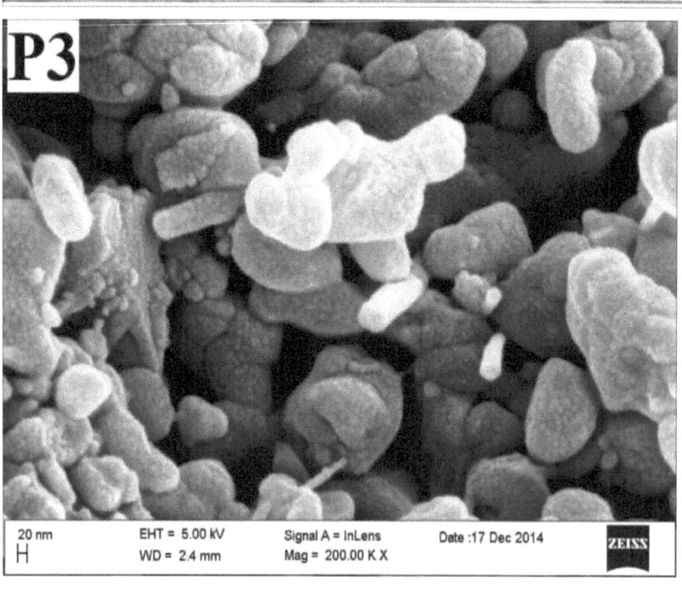
P3
20 nm
EHT = 5.00 kV
WD = 2.4 mm
Signal A = InLens
Mag = 200.00 K X
Date :17 Dec 2014
ZEISS

Figura 4.6. Imagens FESEM do surfactante PMES para a mesma ampliação: (P1) 20nm (P2) 20nm (P3) 20 nm (P4) 20 nm e (P5) 20 nm

4.4.3. Análise de raios X dispersivos em energia (EDX) de amostras poliméricas

A figura 4.7 mostra o espetro de EDX do PMES em diferentes proporções de tensioativo para acrilamida. No espetro EDX, podem ser observados sete elementos: carbono (C), sódio (Na), oxigénio (O), azoto (N), ouro (Au), cloreto (Cl) e enxofre (S). O carbono é devido ao intercalante orgânico no PMES. O ouro (Au) observado no EDX está associado aos materiais de revestimento pulverizados no PMES. Todos os restantes elementos representam componentes do surfactante polimérico. Não se encontra nenhum outro pico para qualquer outro elemento no espetro, o que confirma novamente que o tensioativo polimérico é PMES puro (Alexandre et al., 2000).

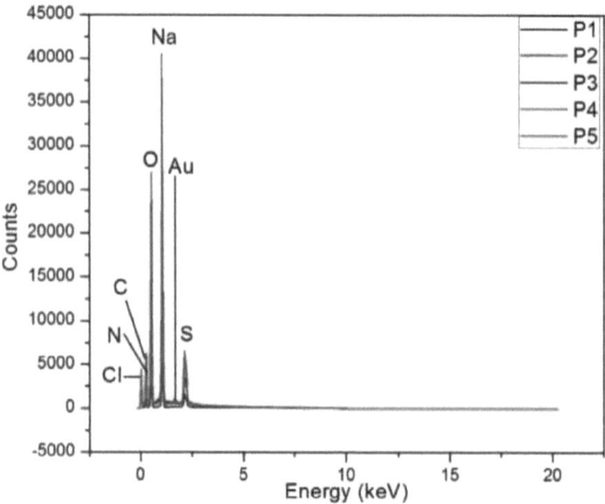

Figura 4.7. Análise elementar do tensioativo polimérico (PMES)

4.4.4. Análise da estabilidade térmica do tensioativo PMES

A análise térmica de cinco amostras diferentes de PMES foi efectuada e está representada na Figura 4. 8. Foram observadas três etapas de perda de massa. A primeira degradação térmica que ocorreu à temperatura ambiente até 100 °C é atribuída à perda de moléculas de água fracamente ligadas com uma média de 8,4% de perda de massa. Depois, uma média de 12,89% de perda de massa ocorreu acentuadamente na segunda região, de 100 °C a 300 °C, revelando que as moléculas de PMES começam a decompor-se do grupo amida a temperaturas superiores a 100 °C (Carlino et al., 1998, Prinetto et al., 2000). A terceira região de degradação, entre 300 °C e 500 °C, representa uma degradação térmica complexa que pode resultar da condensação dos grupos amida residuais e dos anéis amida cíclicos. Verifica-se que a degradação aumenta à medida que a relação tensioativo/acrilamida diminui. Em P2, onde a relação tensioativo/acrilamida é de 1:0,5, a TGA mostrou que a perda de massa é mínima até uma temperatura moderada (27 °C). Também mostra a tensão interfacial mais baixa de $6,54 \times 10^{-2}$ mN/m e $2,0 \times 10^{-3}$ mN/m para sem NaCl e com NaCl, respetivamente. Mas como a temperatura habitual dos reservatórios varia entre 50 °C e 120 °C, o tensioativo PMES retém uma média de 94,91% da sua estrutura e massa originais (Shi et al., 2000). Pode concluir-se que o PMES é termicamente estável à temperatura desejada do reservatório. A percentagem de perda de massa de diferentes tensioactivos PMES a diferentes intervalos de temperatura é apresentada na Tabela 4.2.

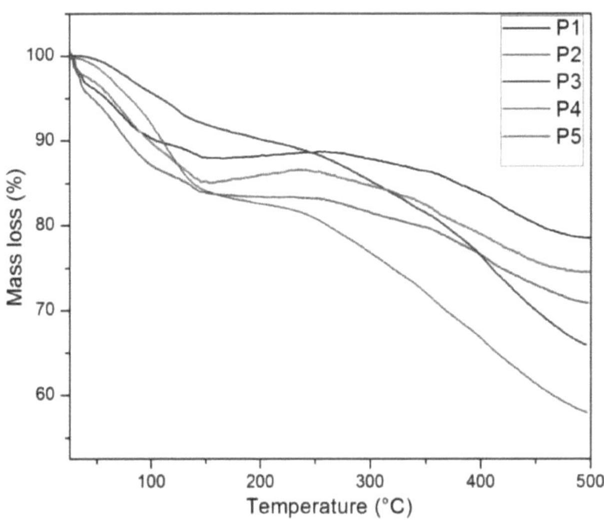

Figura 4.8. Curva de estabilidade térmica para PMES

Tabela 4.2. Percentagem de perda de massa dos tensioactivos poliméricos a diferentes temperaturas

Amostras poliméricas	Perda de massa (%)	Gama de temperaturas (°C)
P1	9.64	25 - 100 °C
	2.67	100 - 300 °C
	10.62	300 - 500 °C
P2	12.67	25 - 100 °C
	6.44	100 - 300 °C
	13.06	300 - 500 °C
P3	4.08	25 - 100 °C
	10.79	100 - 300 °C
	22.87	300 - 500 °C
P4	7.17	25 - 100 °C
	16.53	100 - 300 °C
	24.72	300 - 500 °C
P5	10.07	25 - 100 °C
	5.63	100 - 300 °C
	12.00	300 - 500 °C

4.4.5. Medição da dispersão dinâmica da luz (DLS) do tensioativo PMES

A figura 4.9 mostra que o diâmetro hidrodinâmico aumenta com o aumento da concentração do tensioativo PMES. Entende-se que o aumento do diâmetro hidrodinâmico resulta da agregação das moléculas. O movimento das partículas dá origem à difusão em várias soluções de tensioactivos poliméricos, em que a taxa de difusão é mais rápida para as partículas pequenas, o que significa que o tamanho das partículas é pequeno, contribuindo para uma difusão mais rápida (Kim et al., 2004). Assim, pode concluir-se que, com o aumento da concentração do tensioativo PMES, o tamanho das partículas aumenta simultaneamente. O aumento do diâmetro hidrodinâmico do PMES com uma relação AMM: SMES mais elevada pode ser atribuído ao maior comprimento da cadeia polimérica do PMES. A Tabela 4.3 mostra o diâmetro hidrodinâmico de diferentes PMES em solução aquosa a diferentes concentrações.

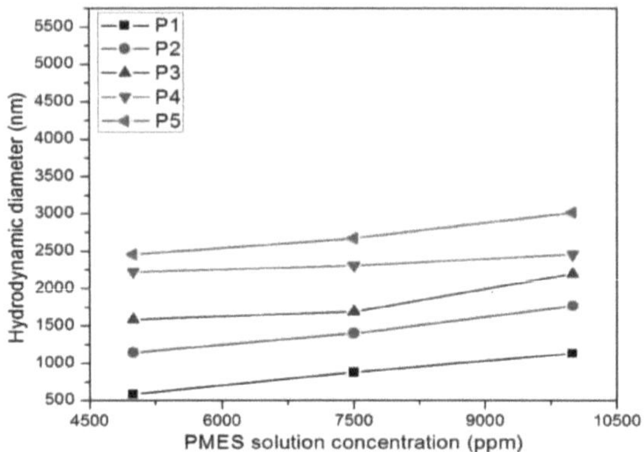

Figura 4.9. Análise do tamanho das partículas (DLS) de diferentes soluções de tensioactivos PMES

Tabela 4.3. Análise DLS da solução de tensioativo polimérico a várias concentrações

Concentração da solução de tensioativo polimérico (ppm)	Rácio de peso das amostras poliméricas (SMES:AAM)	Diâmetro hidrodinâmico (nm)
5000		585
7500	P1(1:0.4)	874
10000		1132
5000		1144
7500	P2(1:0.5)	1402
10000		1767
5000		1586
7500	P3(1:0.6)	1690
10000		2193
5000		2222
7500	P4(1:0.8)	2305
10000		2452
5000	P5(1:1)	2456

| 7500 | | 2668 |
| 10000 | | 3012 |

4.4.6. Efeito da adição de sal no perfil de distribuição do tamanho das partículas

O efeito do cloreto de sódio a 4% (% em massa) na experiência de DLS também desempenha um papel importante na recuperação melhorada de petróleo, como se mostra na Figura 4.10. Verificou-se que o diâmetro hidrodinâmico diminui geralmente com o aumento da adição de sal (concentração), uma vez que as micelas podem desagregar-se em tamanhos mais pequenos e podem mesmo decompor-se em cadeias de polímeros. Isto pode dever-se ao enrolamento do PMES em soluções salinas aquosas, alterando assim a estrutura das partículas de forma esférica para forma de bastonete. Como resultado, o tamanho das micelas torna-se mais pequeno. Este facto pode ajudar a diminuir a tensão superficial e a tensão interfacial (Cao et al., 2001). A Tabela 4.4 mostra o diâmetro hidrodinâmico de diferentes PMES em solução aquosa em diferentes concentrações na presença de NaCl.

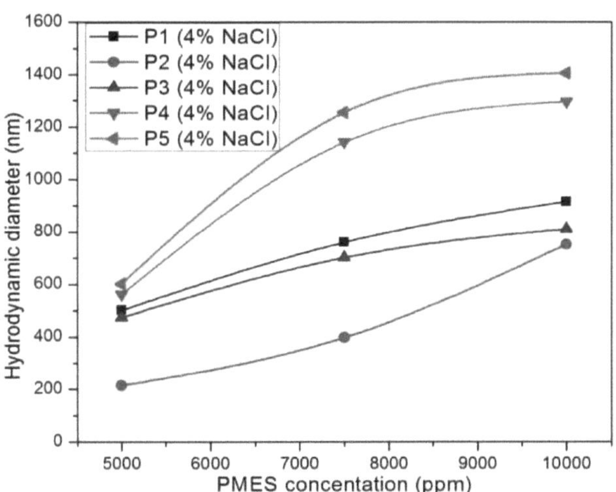

Figura 4.10. Efeito da concentração de PMES no diâmetro hidrodinâmico da solução de PMES a 4% de NaCl

Tabela 4.4. Efeito da concentração de sal (4% NaCl) no diâmetro hidrodinâmico com várias concentrações de solução de tensioativo polimérico

Concentração da solução polimérica (ppm)	Rácio de peso das amostras poliméricas (SMES:AAM)	Diâmetro hidrodinâmico (nm)
5000	P1(1:0.4)	501
7500		760

10000		916
5000		215
7500	P2(1:0.5)	398
10000		752
5000		474
7500	P3(1:0.6)	702
10000		811
5000		561
7500	P4(1:0.8)	1141
10000		1296
5000		602
7500	P5(1:1)	1255
10000		1406

4.4.7. Determinação dos valores de peso molecular do tensioativo PMES

O valor do peso molecular denotado por M (g/ mol) dos tensioactivos PMES com diferentes rácios acrilamida-sulfonato foi determinado a partir de dados sobre a viscosidade intrínseca utilizando a Tabela 4.5. (Jamshidi e Rabiee, 2014). Tomámos a= 0,66 e K= 0,00068 para o solvente água com poliacrilamida a 30 ± 0,1°C (Mitchell, 2004).

Os valores do peso molecular dos diferentes tensioactivos PMES P1, P2, P3, P4 e P5 foram de $2,465382 \times 10^6$, $3,695453 \times 10^6$, $4,598701 \times 10^6$, $5,502811 \times 10^6$ e $6,222049 \times 10^6$ g/mole respetivamente. O aumento do peso molecular pode resultar num aumento da viscosidade aparente do PMES na forma de solução. O estudo dos dados reológicos foi efectuado no capítulo posterior para corroborar esta evidência.

Tabela 4.5. Cálculo do peso molecular a partir dos dados de viscosidade intrínseca

Amostra de surfactante polimérico	Intrínseco Viscosidade obtida a partir de dados de viscosidade reduzida (dl/g)	Intrínseco Viscosidade obtida a partir dos dados da viscosidade inerente (dl/g)	Valor médio da viscosidade intrínseca [η] (dl/g)	Peso molecular (g/mole)
P1	11.915	10.585	11.250	2.465382×10^6
P2	15.75	13.64	14.695	3.695453×10^6
P3	18.375	15.578	16.9765	4.598701×10^6
P4	20.846	17.377	19.1115	5.502811×10^6
P5	22.745	18.706	20.7255	6.222049×10^6

4.5. CONCLUSÕES

Com base nos resultados experimentais, que foram conduzidos para sintetizar o tensioativo polimérico, caraterização do tensioativo polimérico, podem ser tiradas as seguintes conclusões.

1.   Com base nas conclusões e nos resultados ilustrados neste estudo, pode concluir-se que o óleo de rícino não comestível tem um grande potencial como matéria-prima para a produção de éster metílico polimérico sulfonado. O tensioativo polimérico sintetizado é de baixo custo de produção, amigo do ambiente e tem um potencial notável para a recuperação química de petróleo (discutida no próximo capítulo).

2.   Os dados do espetro FTIR sugerem a presença de vibração de estiramento do grupo sulfonato e amida, o que é evidente pelos picos fortes a 1413 cm^{-1} e 1670 cm^{-1}. Isto mostra uma prova conclusiva de que este composto deve ser um éster sulfonato de metilo polimérico.

3.   A morfologia da superfície do tensioativo polimérico apresenta uma forma esférica alongada que, quando aquecida a temperaturas mais elevadas, pode levar à formação de uma estrutura alongada.

4.   A presença de carbono (C), sódio (Na), oxigénio (O), azoto (N), cloreto (Cl) e enxofre (S) no tensioativo polimérico é confirmada pela análise EDX. Todos os restantes elementos representam componentes do tensioativo polimérico. Não se encontra no espetro nenhum outro pico para qualquer outro elemento, o que confirma que o tensioativo polimérico é PMES puro.

5.   Uma vez que a temperatura do reservatório utilizada neste estudo é de 90 °C, todos os tensioactivos poliméricos conservam, em média, 95% da sua estrutura e massa originais. Além disso, o éster metílico sulfonado polimérico mostrou uma boa estabilidade térmica à temperatura do reservatório, onde apenas se observou uma perda de massa de 11,1% (média).

6.   Um exame cuidadoso do perfil de distribuição granulométrica do tensioativo polimérico revelou que o diâmetro hidrodinâmico aumenta geralmente com o aumento da concentração de PMES devido à agregação das moléculas. Com o aumento da adição de sal (concentração), o diâmetro hidrodinâmico diminui em geral, uma vez que as micelas podem desagregar-se em tamanhos mais pequenos e podem mesmo fragmentar-se em cadeias poliméricas. Isto pode dever-se ao enrolamento das PMES em soluções salinas aquosas, alterando assim o tamanho das partículas. Como resultado, o tamanho das micelas torna-se mais pequeno. Este conhecimento é particularmente importante para correlacionar dados para reduzir a tensão superficial e a tensão interfacial, com o objetivo de melhorar a recuperação química do petróleo.

7.   Os valores do peso molecular dos diferentes tensioactivos PMES P1, P2, P3, P4 e P5 foram de $2,465382 \times 10^6$, $3,695453 \times 10^6$, $4,598701 \times 10^6$, $5,502811 \times 10^6$ e $6,222049 \times 10^6$ g/mole respetivamente. O aumento do peso molecular pode resultar num aumento da viscosidade aparente do PMES na forma de solução. O estudo dos dados reológicos foi efectuado no capítulo posterior para apoiar esta evidência.

CAPÍTULO- 5

ALTERAÇÃO DA MOLHABILIDADE POR SURFACTANTE SINTETIZADO E SURFACTANTE POLIMÉRICO DE SUPERFÍCIES ROCHOSAS

Verificou-se que os tensioactivos SMES e PMES sintetizados alteram a molhabilidade da rocha molhada em óleo para molhada em água, o que favorece o mecanismo de recuperação de petróleo. As investigações experimentais foram conduzidas com o objetivo de elucidar o mecanismo responsável pela alteração da molhabilidade da superfície da rocha (como o quartzo) na presença dos tensioactivos SMES e PMES. A alteração da molhabilidade foi verificada através da medição do ângulo de contacto no sistema rocha/óleo bruto/água destilada por variação sistemática dos tensioactivos e da salinidade da água. O mecanismo de alteração da molhabilidade por tensioactivos SMES e PMES em rocha de quartzo foi analisado nesta experiência. Foi realizado um estudo FTIR para investigar a interação entre o petróleo bruto, a superfície do quartzo e os tensioactivos SMES e PMES na experiência de alteração da molhabilidade.

5.1. INTRODUÇÃO

De acordo com Craig (1971), a molhabilidade é definida como "a tendência de um fluido para se espalhar ou aderir a uma superfície sólida na presença de outros fluidos imiscíveis". A molhabilidade das superfícies sólidas pode ser modificada através da introdução de agentes activos de superfície ou tensioactivos e substâncias iónicas nos sistemas sólido-líquido e também através da regulação dos parâmetros termodinâmicos, como a temperatura (Zdaiennicka e Janczuk, 2010; Adamson, 1990; Rosen, 1989b). A molhabilidade de uma superfície sólida está diretamente relacionada com as interacções sólido-fluido e fluido-fluido. A interação entre duas fases imiscíveis implica a energia interfacial. A atração entre os substratos provoca uma energia interfacial mais baixa e as forças de repulsão resultam numa superfície de energia mais elevada. As forças interfaciais num sistema trifásico relacionam-se entre si numa famosa equação conhecida como lei de Young (Rosen, 2004; Kwok et al. 1998; Marmur, 1996).

$$cos\ \theta_C = \frac{\sigma_{sw} - \sigma_{so}}{\sigma_{wo}}$$

(5.(1) onde, θc é o ângulo de contacto e os valores de σ indicam as tensões interfaciais entre as interfaces água-sólido (σ_{sw}), sólido-óleo (σ_{so}) e água-óleo (σ_{wo}). A Figura 5.1 ilustra a situação em que a gota de óleo reside numa superfície sólida na presença de outro líquido imiscível, como a água. A equação de Young é válida em condições de equilíbrio para o estado ideal de uma superfície perfeitamente lisa, quimicamente homogénea, rígida, insolúvel e não reactiva.

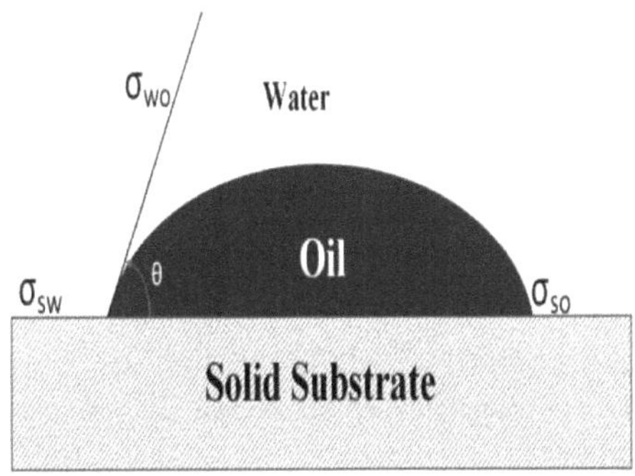

Figura 5.1. Ilustração do ângulo de contacto de um sistema trifásico numa superfície sólida.

A compreensão do mecanismo de espalhamento de um líquido sobre um substrato sólido é crucial em várias aplicações de engenharia. Algumas destas aplicações são a recuperação melhorada de petróleo (EOR), a emulsão de lubrificação e o revestimento de películas, como no caso da pasta e do papel, das emulsões fotográficas e do plástico. No processo de recuperação de petróleo, a alteração da molhabilidade das rochas reservatório por tensioactivos é muito importante, uma vez que controla os problemas de fluxo multifásico relativos à migração de petróleo das rochas de origem para a produção primária, pressão capilar, imbibições, drenagem, dispersão, saturação de água irredutível, saturação de óleo residual e EOR. Os factores que podem desempenhar um papel importante na molhabilidade da rocha reservatório são a presença de agentes activos de superfície no petróleo bruto, o tipo de superfícies minerais no reservatório, a presença de sais nos fluidos de formação, a temperatura, o valor do pH da salmoura e a argila de cimentação. O sal cloreto de sódio (NaCl) provoca uma maior tendência para formar monocamadas, o que diminui a tensão interfacial líquido-líquido e uma maior tendência para acumular os agentes tensioactivos produzidos a partir do petróleo bruto; estas duas tendências actuam em conjunto para alterar a molhabilidade das superfícies sólidas. Uma propriedade interessante que permite que os tensioactivos alterem a molhabilidade das superfícies sólidas é a anfifilicidade. A anfifilicidade dos tensioactivos faz com que estes formem uma multiplicidade de estruturas diferentes em solução e se adsorvam nas interfaces (Brinck e Tiberg, 1996). Esta adsorção torna a superfície dos sólidos mais apolar. A formação da película adsorvida na superfície de sólidos polares ou iónicos provoca alterações na energia livre de superfície do sólido, na energia livre interfacial sólido-líquido, na tensão superficial da água e diminui o coeficiente de espalhamento. Existem numerosos estudos sobre a molhabilidade dos sólidos e as interacções intermoleculares ácido-base na presença de tensioactivos, mas até agora não foi possível encontrar uma explicação adequada (Rosen, 1989b; Janczuk et al, 1997; Gau e Zogafi, 1990; Pyter et al., 1982; van der Vegt et al., 1993; Lucassen-Raynders, 1966; Holysz e Chibowski, 1992; Janczuk et al., 1995; Janczuk et al., 1995; Zanczuk et al., 1996).

As rochas de reservatório como um todo podem não apresentar a mesma molhabilidade. Esta depende das propriedades da rocha reservatório, da química do petróleo e da salinidade da água do sistema. As rochas podem ser húmidas em óleo, húmidas em água ou mistas. Este comportamento de molhagem depende da interação entre a rocha e o petróleo bruto. No caso da superfície de sílica, a carga superficial da sílica na água é positiva a um pH baixo, mas negativa a um pH elevado. A superfície da sílica permanece negativamente carregada a um pH neutro e, por conseguinte, tem afinidade para adsorver ácidos orgânicos que se encontram naturalmente no petróleo. Vários investigadores têm trabalhado na alteração da molhabilidade por adsorção de diferentes componentes presentes no petróleo bruto (Hjemeland e Larrondo, 1986; Gonzalez e Moreira, 1991; Gloton et al., 1992; Akhlaq et al., 1994; Skauge e Fosse, 1994; Mennella et al., 1995; Buckley e Liu, 1996; Durand e Beccat, 1996; Liu e Buckley, 1997).

Different experimental methods such as contact angle measurement, Li and Horne method, Amott wettability index (AWI), USBM (U.S. Bureau of Mines) para resultados quantitativos e taxa de imbibição, flotação, exame microscópico, curvas de pressão capilar, registos de reservatórios, permeabilidade, relação de saturação, ressonância nuclear e adsorção de corantes para resultados qualitativos têm sido utilizados para medir a molhabilidade da superfície de um sistema (Anderson, 1986a,b; Tiab e Donaldson, 1999; Li e Horne, 2003). Na maioria dos casos, o método do ângulo de contacto (método da gota séssil) é normalmente utilizado para medir as propriedades de molhabilidade da superfície sólida em relação a um líquido na presença de outro líquido imiscível. A salinidade da água também afecta o ângulo de contacto no sistema óleo bruto de rocha/água destilada. O efeito da salinidade da água no ângulo de contacto, utilizando diferentes concentrações de NaCl, foi estudado por vários investigadores (Zekri et al., 2003; Shedid e Ghannam, 2004), que referiram que o ângulo de contacto pode ser visivelmente influenciado pela variação da concentração de NaCl. Se a temperatura afecta os ângulos de contacto, então os dois lados da gota de óleo podem ter ângulos de contacto diferentes. Isto poderia introduzir uma força adicional na gota. Por conseguinte, é importante saber como é que diferentes temperaturas conduzem a diferentes ângulos de contacto.

A adsorção de surfactante desempenha um papel importante na alteração da molhabilidade da superfície da rocha reservatório (Bera et al., 2013, Ahmadi et al., 2013, Somasundaran et al., 2006). Num estudo recente, Lara et al. (2015) descreveram o efeito da ciclodextrina no ângulo de contacto e a sua potencial aplicação na recuperação melhorada de petróleo. Relataram que a ciclodextrina é um candidato adequado para alterar a molhabilidade do quartzo com a fase oleica do dodecano. Outro estudo anterior foi realizado por Alexandrova et al. (2011) sobre a medição do ângulo de contacto de um tensioativo polimérico com uma superfície de vidro SiO2 hidrofílica. O surfactante polimérico utilizado no estudo foi a dietilenotriamina polioxialquilada (DETA). Os resultados mostraram que a superfície hidrofílica do vidro é coberta por partes hidrofóbicas e hidrofílicas das moléculas do tensioativo polimérico, uma vez que os ângulos de contacto não excedem os 22°. Por conseguinte, devem ser realizados mais estudos com tensioactivos poliméricos na medição do ângulo de contacto para o ensaio de alteração da molhabilidade da superfície das rochas. No presente estudo, foi estudada a alteração da molhabilidade de uma rocha de quartzo inicialmente molhada com óleo por soluções de tensioactivos SMES e PMES.

5.2. SECÇÃO EXPERIMENTAL

5.2.1. Aparelhos e procedimentos

O sistema de medição dos ângulos de contacto (CA) é uma ferramenta para estudar o comportamento de molhagem de um líquido sobre um sólido. Fenómenos como a capacidade de espalhamento, a absorção, a adsorção e a dissolução podem ser estudados através do dispositivo de medição do CA e a gota séssil é um dos métodos de medição do ângulo de contacto. Para medir o CA com o DSA-25 (ilustrado na Figura 5.2), é colocada uma gota numa amostra colocada numa mesa de amostras. A gota é iluminada de um lado e uma câmara no lado oposto regista uma imagem da gota. A imagem da gota é transferida para o computador e apresentada no monitor. O software DSA 4 (versão 2.0) contém ferramentas comprovadas para analisar a imagem da gota. Os métodos implementados no software permitem a determinação da energia de superfície de sólidos a partir de dados CA. Para o ângulo de contacto dependente do tempo, o CA é medido até 300 seg. e para cada amostra utilizamos a face virgem da superfície sólida (quartzo) para o comportamento de molhagem da superfície sólida.

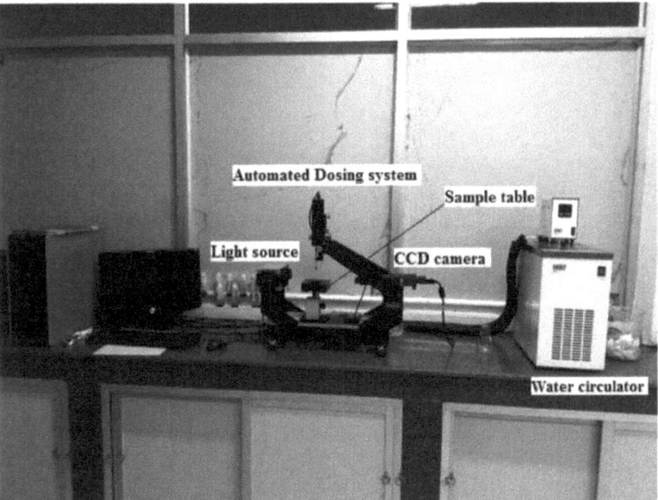

Figura 5.2. Fotografia do goniómetro de ângulo de contacto (Drop shape analyzer DSA 25)

5.2.2. Estudo FTIR da amostra de quartzo

Os espectros de infravermelhos da amostra de quartzo foram registados entre 400 e 4000 cm^{-1} utilizando técnicas de pastilhas de KBr num espetrofotómetro de infravermelhos (IR) científico Spectra two (PerkinElmer, M500). Os espectros foram interpretados segundo o método de Ganz e Kalkreuth. A principal aplicação desta técnica é a deteção da estrutura das espécies químicas e a medição quantitativa, com base nos picos de absorção e de vibração molecular. Para a análise FTIR, 3-

4 mg de amostra seca foram misturados com 300-400 mg de KBr, que foi utilizado como amostra padrão de referência. A mistura foi então comprimida por uma bomba hidráulica para formar um pellet, que foi colocado num exsicador para remover o teor de humidade da amostra. Em seguida, as amostras secas foram utilizadas para a determinação dos espectros FTIR. O quartzo (arenito) é utilizado para estudos de ângulo de contacto porque os reservatórios de arenito impedem o processo de cimentação e fazem com que a rocha mantenha a sua porosidade mesmo a grandes profundidades.

5.2.3. Medição do ângulo de contacto

O ângulo de contacto entre o tensioativo sintetizado e as soluções de tensioactivos poliméricos e a superfície de quartzo foi medido utilizando o goniómetro de ângulo de contacto (Drop shape Analyzer DSA25, Kruss, Alemanha) à temperatura de 27 °C para avaliar a alteração da molhabilidade. Para este estudo de alteração da molhabilidade, foram medidos com precisão 10 µL de solução de SMES e PMES, que foram cuidadosamente separados e deixados cair na superfície superior do quartzo molhado em óleo, e a alteração do ângulo de contacto com o tempo foi medida. Inicialmente, a amostra de quartzo foi imersa em petróleo bruto para a tornar húmida em óleo. Depois de a molhar em óleo, foi seca numa estufa a 27 °C. Depois disso, a amostra de quartzo foi considerada como uma superfície molhada em óleo. O ângulo de contacto dinâmico foi medido em diferentes intervalos de tempo para todas as soluções de ensaio.

5.3. RESULTADOS E DISCUSSÃO

5.3.1. Análise FTIR da amostra de quartzo

A análise de ligações através do estudo FTIR é o principal parâmetro que demonstra diferentes ligações químicas na superfície para identificar os tipos de químicos adsorvidos. O espetro de infravermelhos do quartzo limpo é apresentado na Figura 5.3. As atribuições das bandas são apresentadas na Tabela 5.1. Na figura, os pontos de pico foram atribuídos por número de onda, juntamente com a absorvância produzida durante a medição dos espectros. As intensidades das bandas foram determinadas pelo método da linha de base e os valores de absorção característicos foram calculados. Não foi encontrada nenhuma banda de referência interna nos espectros de infravermelhos do quartzo porque todas as intensidades das bandas foram alteradas pela ação da moagem. A banda do quartzo a 1082 cm^{-1} ocorre como um ombro porque se sobrepõe parcialmente à banda de absorção mais forte do quartzo a 1085 cm^{-1}. Os espectros de infravermelhos do quartzo mostram picos de adsorção a 784 cm^{-1} e 1082 cm^{-1}, na região da vibração de estiramento para a vibração da ligação Si-O simétrica e assimétrica, respetivamente. Também as bandas de absorção a 466 cm^{-1}, 694 cm^{-1} estão relacionadas com a vibração de flexão do grupo Si-O em vibração assimétrica e simétrica. Assim, é evidente que a amostra de quartzo utilizada contém sílica pura como composição principal. A amostra de quartzo também apresenta picos a 2924,64 cm^{-1}. Este pico indica o estiramento simétrico do -CH2. O pico a 3434 cm^{-1} indica a presença de água no quartzo.

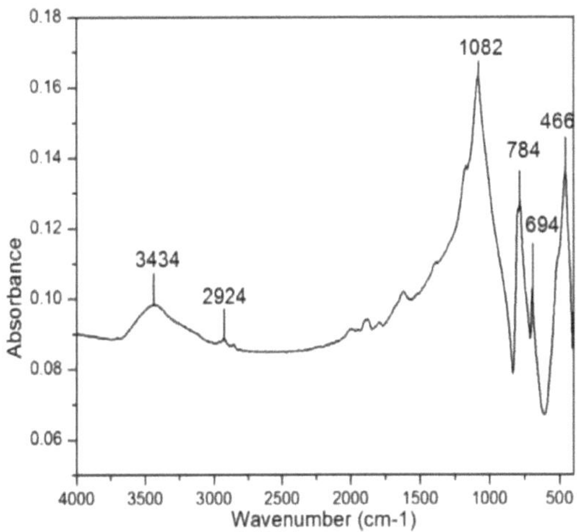

Figura 5.3. Espectro FTIR da amostra de quartzo

Tabela 5.1. Banda de absorção dos grupos funcionais da amostra de quartzo por espetroscopia FTIR

Nome da amostra	Números de onda (cm)$^{-1}$	Modo de vibração
Quartzo	2924	estiramento C-H
	1082	Vibração de estiramento assimétrico Si-O
	784	Vibração de estiramento simétrico Si-O
	694	Vibrações de flexão simétricas de Si-O
	466	Vibração de flexão assimétrica Si-O

5.3.2. Medição do ângulo de contacto

A medição do ângulo de contacto é o teste suplementar mais importante para o estudo da alteração da molhabilidade. O ângulo de contacto entre a superfície do quartzo e o petróleo bruto foi medido na presença de outro líquido imiscível, como a solução surfactante sintetizada de SMES e PMES. Os ângulos de contacto dinâmicos foram medidos com 5000 ppm de PMES (P2) e 5000 ppm de soluções de SMES. Ambos os tensioactivos SMES e PMES mostram resultados muito promissores em termos de alteração da molhabilidade através da mudança dos ângulos de contacto. O estado inicial do quartzo era húmido em óleo. Com a aplicação de SMES e PMES, a superfície húmida de óleo muda gradualmente para o estado húmido de água, o que é preferencial para o mecanismo de recuperação de petróleo. A figura 5.4 mostra o comportamento do ângulo de contacto dos tensioactivos PMES e SMES ao longo do tempo. O ângulo de contacto inicial foi de 75° e 62° para os tensioactivos PMES e SMES, respetivamente. Com o decorrer do tempo, o ângulo de contacto diminui e, após algum tempo, passa a ser inferior a 10°, enquanto a água pura altera o ângulo de contacto na rocha molhada com óleo apenas marginalmente com o tempo. A eficácia das soluções de tensioactivos e de tensioactivos poliméricos para transformar a superfície de quartzo molhada de óleo em superfície molhada de água é idêntica. A análise precisa da taxa de diminuição do ângulo de contacto em relação ao estado inicial é a mesma para ambos os tensioactivos. As figuras 5.5 e 5.6 mostram o avanço do ângulo de contacto com SMES e PMES em intervalos de tempo variáveis. Verificou-se que, após 720 segundos, o ângulo de contacto das soluções SMES e PMES era de 8° e 20°. Por conseguinte, as taxas de diminuição dos ângulos de contacto para ambos os tensioactivos foram semelhantes (em ambos os casos, diminuição do ângulo de contacto ~55°). O ângulo de contacto inicial do PMES é mais elevado devido à natureza viscosa da solução da amostra. Como o PMES é viscoso por natureza, a formação de uma película fina na superfície do quartzo é estável, o que ajuda a oferecer um ângulo de contacto mais elevado no início. No entanto, os resultados indicam que o estado húmido de óleo da superfície do quartzo foi alterado para húmido de água com a aplicação dos tensioactivos SMES e PMES sintetizados. As figuras 5.5 e 5.6 mostram as imagens das gotas de solução de PMES e SMES na superfície de quartzo molhada com óleo ao longo do tempo.

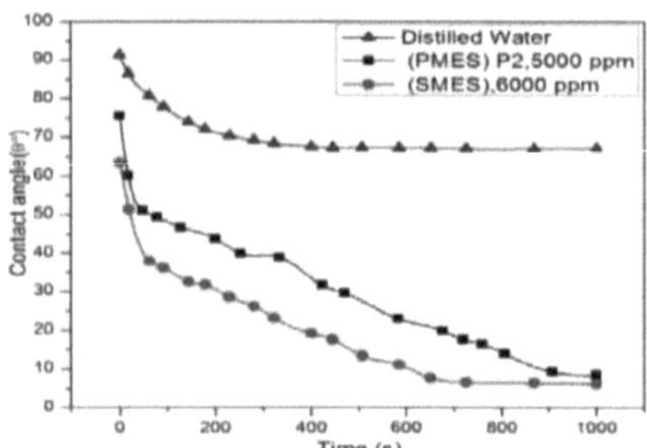

Figura 5.4. Variação do ângulo de contacto dinâmico para PMES (P2) a 5000 ppm e solução SMES a 6000 ppm em superfície de quartzo molhada com óleo a 25 °C

Tabela 5.2. Avanço do ângulo de contacto com SMES e PMES em intervalos de tempo variáveis

Tempo (s)	Ângulo de contacto (°)	
	Solução PMES	Solução SMES
0	75.5	63.4
18	60.0	51.3
49	51.0	37.8
79	49.2	36.1
128	46.6	32.4
200	43.8	31.7
253	39.8	28.5
334	38.9	26.1
422	31.6	23.1
470	29.5	19.1
583	22.9	17.5
677	19.8	13.3

719	17.5	11.0
759	16.4	7.6
806	13.9	6.5
908	9.2	Fim

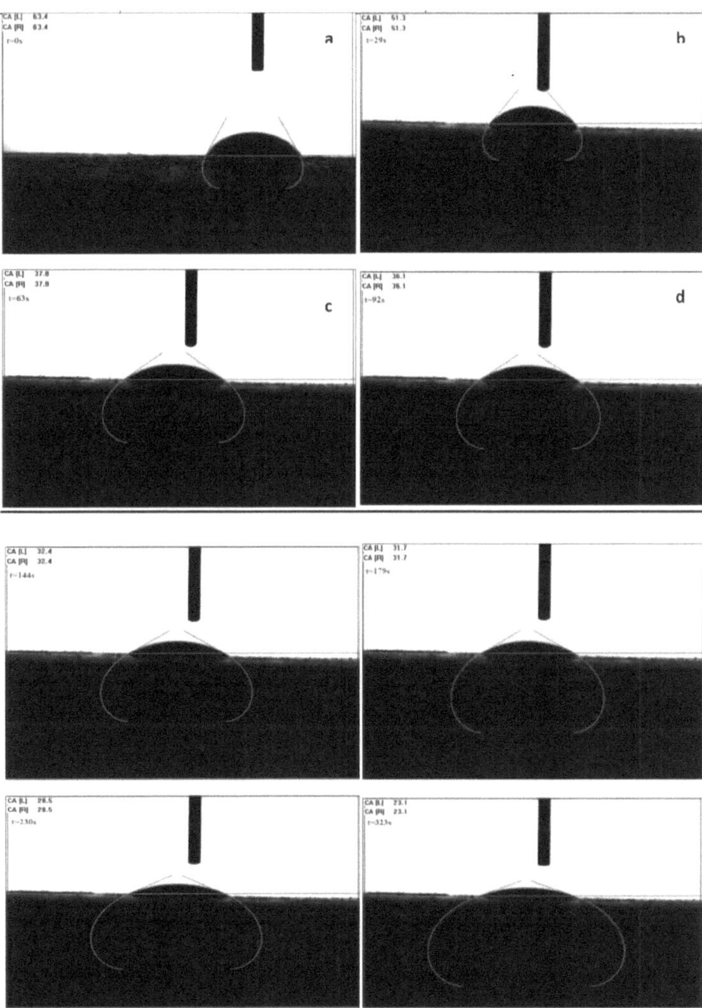

Figura 5.5. Imagens de gotas de solução de tensioativo na superfície de quartzo molhada com óleo durante a medição do ângulo de contacto para SMES a 6000 ppm a (a) 0s (b) 29s (c) 63s (d) 92s (e) 144s (f) 179s (g) 230s (h) 323s

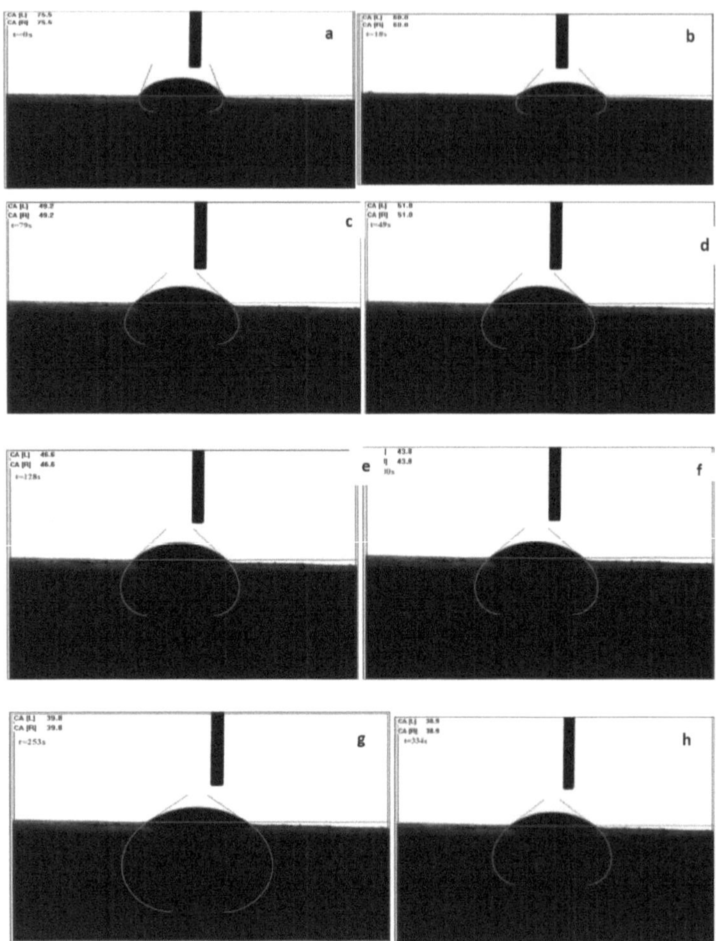

Figura 5.6. Imagens de gotas de solução de tensioativo polimérico na superfície de quartzo molhada com óleo durante a medição do ângulo de contacto para PMES (P2) a 5000 ppm a (a) 0s (b) 18s (c) 49s (d) 79s (e) 128s (f) 200s (g) 253s (h) 334s

5.3.3. Efeito da salinidade na alteração da molhabilidade da rocha de quartzo molhada com óleo através de um tensioativo e de um tensioativo polimérico

Foi medido o ângulo de contacto entre uma superfície intermédia de quartzo húmida e envelhecida com petróleo bruto e soluções de tensioactivos/ tensioactivos poliméricos na presença e ausência de sal (NaCl). A dependência do tempo é obtida medindo o ângulo de contacto da mesma gota com o decorrer do tempo. Inicialmente, o ângulo de contacto foi medido apenas na presença de água destilada desionizada e o ângulo de contacto da água destilada diminuiu inicialmente de 90° para 67°, permanecendo depois inalterado, confirmando assim que a rocha está intermédia molhada. A utilização de soluções de tensioactivos SMES e de tensioactivos poliméricos na presença de sal mostra que o ângulo de contacto diminui gradualmente, o que resulta na conversão do quartzo húmido intermédio em húmido em água, diminuindo o ângulo de contacto, como se mostra na Figura 5.7. O efeito das soluções de tensioactivos e de tensioactivos poliméricos na alteração da molhabilidade é melhor compreendido comparando o valor do ângulo de contacto das soluções SMES e PMES na CMC com o da água destilada. As figuras 5.7 e 5.8 mostram que o ângulo de contacto depende do tempo com a salinidade variável dos tensioactivos SMES e PMES, respetivamente. A duração da medição do ângulo de contacto para a solução SMES no valor CMC (6000 ppm) na ausência de NaCl e a 2%, 4%, 5%, 6% de NaCl durou 1000 segundos e o ângulo de contacto para o tensioativo SMES foi considerado constante após 700 segundos. Foram realizadas experiências semelhantes com soluções PMES durante um período de 1200 segundos e registou-se um valor constante do ângulo de contacto após 900 segundos.

Com o passar do tempo, aumenta a interação entre o petróleo bruto absorvido na superfície do quartzo e o sal presente na solução SMES/ PMES. Consequentemente, a acumulação de espécies tensioactivas, que estão disponíveis no petróleo bruto, na interface entre o petróleo bruto e a fase aquosa aumenta, o que leva à diminuição do ângulo de contacto. Após um certo período de tempo, verifica-se que o comportamento do ângulo de contacto é independente do tempo, devido à transferência completa do agente tensioativo para a superfície da rocha. É evidente que, com o aumento da salinidade, o ângulo de contacto diminui até um determinado valor de concentração de sal e depois aumenta. Esta salinidade pode ser considerada como a salinidade óptima para o sistema. Quando a salinidade excede o seu valor ótimo, as forças repulsivas electrostáticas e repulsivas de hidratação aumentam para evitar o espalhamento de gotículas de solução aquosa, o que leva ao aumento do ângulo de contacto. A salinidade óptima obtida a partir das medições do ângulo de contacto é de 4% em peso para as soluções SMES e PMES, respetivamente.

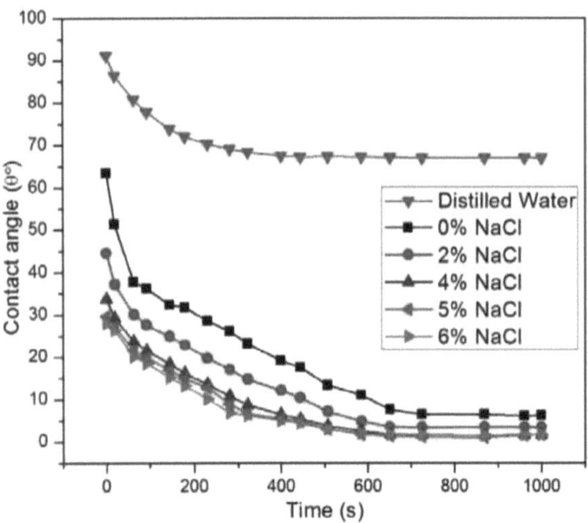

Figura 5.7. Ângulo de contacto da solução SMES no seu valor CMC com salinidade variável

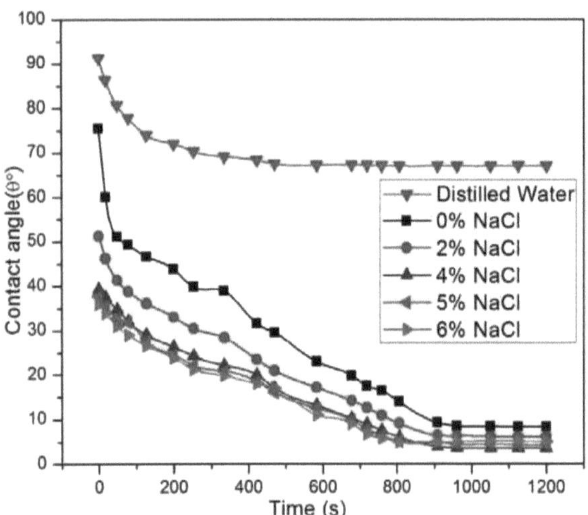

Figura 5.8. Ângulo de contacto da solução PMES no seu valor CMC com salinidade variável

5.4. CONCLUSÕES

Com base nos resultados experimentais, que foram conduzidos para examinar a caraterização da amostra de quartzo sólido e a medição do ângulo de contacto com tempo variável, podem ser tiradas as seguintes conclusões.

1.   A presença do grupo Si-O foi confirmada pelo estudo dos espectros FTIR da amostra de quartzo. Os espectros de infravermelhos do quartzo mostram picos de adsorção a 784 cm^{-1} e 1082 cm^{-1} , na região da vibração de estiramento para a vibração da ligação Si-O simétrica e assimétrica,

respetivamente. Também as bandas de absorção a 466 cm^{-1} , 694 cm^{-1} estavam relacionadas com a vibração de flexão do grupo Si-O em vibração assimétrica e simétrica. Os resultados também confirmaram que as vibrações de estiramento e de flexão assimétricas e simétricas de Si-O estão presentes na amostra de quartzo.

2. A acumulação de agentes activos de superfície produzidos a partir de petróleo bruto desempenha um papel vital na alteração da molhabilidade da superfície sólida de quartzo. Os estudos de alteração da molhabilidade da superfície de quartzo molhada com petróleo foram investigados com o SMES sintetizado e o surfactante polimérico (PMES). Com o decorrer do tempo, o ângulo de contacto diminui em ambos os tensioactivos e, após algum tempo, passa a ser inferior a 10°. Os resultados experimentais mostraram que tanto o SMES como o PMES são candidatos potenciais para alterar o estado inicial húmido de óleo da superfície de quartzo para húmido de água. O ângulo de contacto inicial do PMES é mais elevado devido à natureza da solução viscosa da amostra. Como o PMES é viscoso por natureza, a formação de uma película fina na superfície do quartzo é estável, o que ajuda a oferecer um ângulo de contacto mais elevado no início. Assim, o surfactante polimérico sintetizado (PMES) é muito eficaz na recuperação química de petróleo.

3. A presença de sais na fase aquosa tem uma forte capacidade de aumentar a acumulação das espécies tensioactivas, que estão disponíveis no petróleo bruto, na interface petróleo bruto-fase aquosa, reduzindo assim a tensão interfacial e o ângulo de contacto. Na presença de soluções SMES e PMES, a acumulação do tensioativo produzido a partir do petróleo bruto mostra uma boa atividade para reduzir o ângulo de contacto.

CAPÍTULO-6

REDUÇÃO DA TENSÃO INTERFACIAL ENTRE O PETRÓLEO BRUTO E A ÁGUA POR UM TENSIOACTIVO SINTETIZADO E UM TENSIOACTIVO POLIMÉRICO

Neste capítulo, discute-se a redução da tensão interfacial (IFT) entre o petróleo bruto e a água através de um tensioativo sintetizado (SMES) e de um tensioativo polimérico (PMES). O efeito da salinidade na redução da IFT entre o petróleo bruto e a água pelos tensioactivos acima referidos foi investigado para estudar a interação entre a água salgada e o petróleo bruto em diferentes concentrações. O desempenho do SMES foi estudado através da medição da tensão superficial e da tensão interfacial com e sem cloreto de sódio. A SMES apresentou uma boa atividade superficial, reduzindo a tensão interfacial e a tensão superficial da solução de surfactante. A síntese de um novo tensioativo polimérico (PMES) como agente químico para a recuperação melhorada de petróleo foi estudada através da medição da tensão interfacial (IFT) entre o petróleo bruto e a solução de PMES. A adição de cloreto de sódio à solução de PMES reduz a IFT para um valor ultra-baixo. Um conhecimento completo do mecanismo real de redução da IFT na presença de surfactante é essencial para a inundação química.

6.1. INTRODUÇÃO

A tensão interfacial (IFT) entre o óleo e a água é um dos factores-chave na investigação das forças capilares que actuam sobre o óleo retido nas rochas do reservatório. O efeito de vários parâmetros e variáveis que influenciam a IFT e, consequentemente, a eficiência da recuperação de petróleo tem sido investigado experimentalmente há várias décadas (Hill et al., 1973; Ruckenstein, 1981; Rudin e Wasan, 1992; Rudin et al., 1994; Chen et al., 2000; Zhang et al., 2004; Yang et al., 2005; Ye et al., 2008). O requisito fundamental de muitos processos de recuperação avançada de petróleo (EOR) é produzir IFT ultrabaixo. A recuperação de petróleo por inundação química é influenciada pelas propriedades do petróleo, dos fluidos e das interfaces da formação. A inundação química, que tem sido desenvolvida desde o início da década de 1950, é um método importante para a recuperação melhorada de petróleo que inclui a inundação alcalina, a inundação alcalina-surfactante e a inundação alcalina-surfactante-polímero. A inundação por tensioactivos e as suas variantes são processos EOR que têm sido utilizados para recuperar o óleo residual após o processo de recuperação primária e secundária.

A eficiência da EOR química é uma função das viscosidades dos líquidos, das permeabilidades relativas, das tensões interfaciais, das molhabilidades e das pressões capilares (Liu, 2008). Mesmo que todo o petróleo seja contactado pelos produtos químicos injectados, algum petróleo permanecerá no reservatório. Isto deve-se ao aprisionamento de gotículas de óleo por forças capilares devido à elevada tensão interfacial (IFT) entre a água e o óleo. O número capilar (*Nc*) é utilizado para expressar as forças que actuam sobre uma gota de óleo aprisionada num meio poroso. *O Nc* é uma função da velocidade de Darcy (*v*), da viscosidade (μ) da fase móvel e da IFT (σ) entre a fase móvel e a fase de óleo aprisionada (Berger & Lee, 2006).

$$Nc = v\,\mu/\sigma \tag{6.1}$$

Este conceito tem sido apresentado sob várias formas equivalentes e o seu valor numérico está correlacionado com a eficiência real da recuperação (Moore e Slobod, 1956; Healy e Reed, 1976; Mulyadi e Amin, 2001; Johannesen e Graue, 2007; Abeysinghe e Lohne, 2012). O valor crítico do número capilar a partir do qual a recuperação de óleo se torna significativa situa-se no intervalo 10^{-6} - 10^{-4} . No entanto, é necessário pelo menos um aumento de dez vezes para obter uma recuperação de 80% em testes de núcleo; um valor ainda maior é provavelmente necessário para testes de campo devido a dificuldades práticas acumuladas. Uma vez que o valor do número capilar é tipicamente 10^{-6} para a inundação de água normal, é necessário um aumento de pelo menos três ordens de grandeza para obter uma recuperação de óleo substancialmente melhorada. Não é prático aumentar significativamente a velocidade superficial devido às limitações da pressão de injeção. Pela mesma razão, a viscosidade da fase aquosa não pode ser aumentada substancialmente porque um aumento da viscosidade também produzirá um aumento correspondente na queda de pressão de acordo com a lei de Darcy. Os aditivos que aumentam a viscosidade, tais como os polímeros, permitem um ganho de cerca de uma ordem de grandeza superior no valor do número capilar e também proporcionam um bom controlo da mobilidade (Gogarty, 1967; Gogarty et al., 1970; Hirasaki e Pope, 1974; Shirif, 2000; Huh et al., 2005; Urbissinova, et al., 2010; Izgec e Shook, 2012), mas não podem, por si só, produzir a alteração necessária no IFT. Assim, a maior parte do trabalho de investigação tem-se centrado na redução do IFT em várias ordens de grandeza com a aplicação de diferentes agentes activos de superfície. As saturações de óleo residual para os casos de não molhagem e molhagem são aproximadamente constantes a baixos números capilares. Acima de um determinado número capilar, a saturação residual começa a diminuir. Este fenómeno indica que um número capilar elevado é benéfico para uma eficiência de recuperação elevada, uma vez que a fração de óleo residual se torna menor. O número de capilares deve ser aumentado para reduzir a saturação de óleo residual. A forma mais lógica de aumentar o número de capilares é reduzir o IFT (Berger & Lee, 2006; Liu, 2008). Por conseguinte, o principal objetivo do processo químico é reduzir a tensão interfacial, de modo a melhorar o desempenho da recuperação.

A maior parte do trabalho de investigação tem-se centrado na redução do IFT em várias ordens de grandeza. Os primeiros trabalhos (McCaffery, 1976; Trujillo, 1983; Sharma et al., 1989) relataram a ocorrência de um baixo IFT entre soluções de cloreto de sódio (NaCl) e petróleo bruto, provavelmente devido à formação in situ de produtos químicos activos na superfície.

No presente trabalho, foi efectuada a redução do IFT entre o óleo e a água através da síntese de tensioactivos SMES e PMES. O efeito da salinidade no IFT entre o petróleo bruto e a água foi investigado para estudar a interação da água salgada com o petróleo bruto. O efeito das concentrações de tensioactivos no IFT também foi relatado.

6.2. SECÇÃO EXPERIMENTAL

6.2.1 . Materiais utilizados

O petróleo bruto utilizado no estudo foi adquirido no campo petrolífero de Ahmedabad, na Índia, durante todo este estudo. O petróleo bruto é leve e o seu índice API é medido utilizando um picnómetro. O petróleo bruto tem um índice de acidez total de 0,038 mg KOH/g, uma gravidade de 38,86 ° API e uma viscosidade de 11,9 mPa.s a 30 °C. Os tensioactivos utilizados na experiência foram o SMES e o PMES. O cloreto de sódio (NaCl) foi adicionado ao SMES e ao éster metílico polimérico sulfonado (PMES) para as medições interfaciais. Foi utilizada água bidestilada para a preparação das soluções.

6.2.2 Aparelhos e procedimentos

6.2.2.1. Medição da tensão interfacial (IFT)

As tensões interfaciais entre diferentes soluções de tensioactivos poliméricos e de SMES com petróleo bruto foram medidas com a ajuda do método da gota giratória. O tensiómetro de gota giratória DataPhysics, modelo SVT 15N, equipado com câmara de vídeo, foi utilizado para determinar a IFT a 25 ± 0,1°C. Neste equipamento, um tubo de vidro capilar disposto horizontalmente, preenchido com uma fase a granel e uma fase de gota especificamente mais leve, é colocado em rotação. O diâmetro da gota, que é alongado pela força centrífuga, está correlacionado com a tensão interfacial. Durante as medições, cada amostra foi rodada à velocidade de 3000 rpm. Os valores de IFT foram registados até que o equilíbrio fosse estabelecido. Considerou-se que o equilíbrio era obtido quando os valores sucessivos coincidiam num intervalo de 0,01 mN/m. Neste método, uma gota de petróleo bruto (líquido de densidade inferior) é injectada numa solução de tensioativo (líquido de densidade superior) contida no interior de um tubo de vidro horizontal rotativo. Para cada velocidade de rotação aplicada no método, a gota atinge uma forma de equilíbrio, que é determinada pelo equilíbrio entre a tensão interfacial e a diferença de pressão na interface devido à força centrífuga e à diferença de densidade entre o tensioativo e o petróleo bruto. A gota atinge uma forma estável quando as forças acima referidas estão equilibradas. Assume-se que o escoamento é newtoniano.

Uma vez que a rotação do tubo horizontal cria uma força centrífuga em direção às paredes do tubo, a gota de líquido começa a deformar-se numa forma alongada; este alongamento pára quando a tensão interfacial e as forças centrífugas estão equilibradas. A tensão superficial entre os dois líquidos (para bolhas: entre o fluido e o gás) pode então ser derivada da forma da gota neste ponto de equilíbrio. Um dispositivo utilizado para estas medições é designado por tensiómetro de gotas giratórias.

Bernard Vonnegut, em 1942, desenvolveu uma teoria aproximada para medir a tensão superficial dos fluidos, que se baseia no princípio de que a tensão interfacial e as forças centrífugas se equilibram em equilíbrio mecânico. Esta teoria assume que o comprimento L da gota é muito maior do que o seu raio R, de modo que pode ser aproximado como um cilindro circular reto (Figura 6.1).

Eixos giratórios

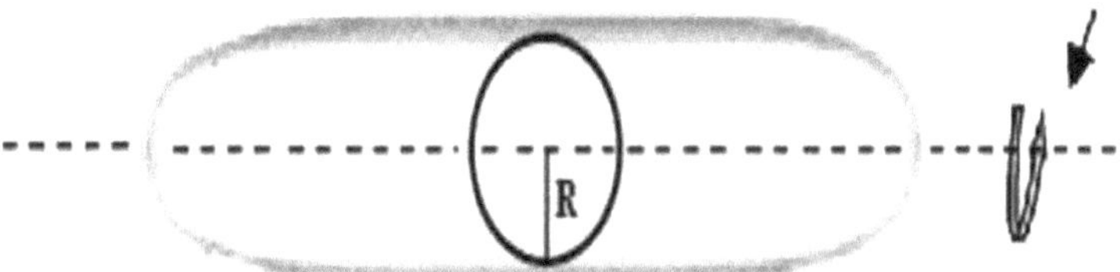

Figura 6.1. Gota giratória num tensiómetro de gotas giratórias ao longo do eixo de rotação

A relação entre a tensão superficial e a velocidade angular de uma gota pode ser obtida de diferentes formas. Uma delas consiste em considerar a energia mecânica total da gota como a soma da sua energia cinética e da sua energia superficial

$$E = E_K + \gamma_S$$

A energia cinética de um cilindro de comprimento L e raio R que gira em torno do seu eixo central é dada por

$$E_K \;=\; \frac{1}{2}I\omega^2 \;=\; \frac{1}{4}mR^2\omega^2$$

$$I \;=\; \frac{1}{2}mR^2$$

é o momento de inércia de um cilindro que gira em torno do seu eixo central e ω é a sua velocidade angular.

A energia de superfície da gota é dada por

$$\gamma_S = 2\pi R L\sigma = 2\,\frac{V}{R}\,\sigma$$

em que V é o volume constante da gota e σ é a tensão interfacial. Então a energia mecânica total da gota é

$$E = E_K + \gamma_S \;=\; \frac{1}{4}\Delta\rho V\,R^2\omega^2 + 2\,\frac{V}{R}\,\sigma$$

Diferenciar em relação a R

em que $\Delta\rho$ é a diferença entre as densidades da gota e do fluido circundante.

No equilíbrio mecânico, a energia mecânica é minimizada e, portanto

$$\frac{dE}{dR} = 0 = \frac{1}{2}\Delta\rho VR\omega^2 - \frac{2V\sigma}{R^2}$$

Substituindo em

$$V = \pi\,LR^2$$

para um cilindro e, em seguida, resolvendo esta relação para a tensão interfacial, obtém-se

$$\gamma = \frac{1}{4}\Delta\rho\omega^2\,R^3$$

O IFT de equilíbrio (γ) foi obtido a partir da equação 6.2 acima, da seguinte forma

$$\gamma = \frac{1}{4}\Delta\rho\omega^2\,R^3 \tag{6.2}$$

em que, ω é a velocidade angular, R é o raio da gota e Δp é a diferença de densidade entre o petróleo bruto e as soluções testadas. O IFT de cada ponto foi repetido pelo menos duas vezes. Esta equação é conhecida como a expressão de Vonnegut. A tensão interfacial de qualquer líquido que apresente uma forma muito próxima de um cilindro em estado estacionário pode ser estimada através desta equação. A forma cilíndrica rectilínea desenvolver-se-á sempre para ω suficientemente elevado, o que acontece normalmente para L/R >4. Uma vez desenvolvida esta forma, o aumento de ω diminuirá R enquanto aumenta L mantendo LR^2 fixo para satisfazer a conservação do volume. As tensões interfaciais entre diferentes soluções de tensioactivos poliméricos e de tensioactivos SMES com petróleo bruto foram medidas com a ajuda do método da gota giratória. O tensiómetro de gota giratória modelo SVT 15, equipado com câmara de vídeo, foi utilizado para determinar a IFT a $25 \pm 0{,}1\,°C$. Neste equipamento, um tubo de vidro capilar disposto horizontalmente, preenchido com uma fase a granel e uma fase de gota especificamente mais leve, é colocado em rotação. O diâmetro da gota, que é alongado pela força centrífuga, está correlacionado com a tensão interfacial.

Para cada amostra, introduziu-se SMES e PMES em solução aquosa no tubo capilar. O tubo foi primeiro enchido com a solução desejada e depois fechado com uma tampa de Teflon equipada com uma junta de borracha e uma anilha. Uma pequena gota de petróleo bruto foi injectada no tubo através do espetro de borracha, utilizando uma seringa. Ajustou-se a velocidade de rotação adequada, de modo a que a gota de petróleo bruto pudesse ser adequadamente alongada. Finalmente, o IFT entre os dois fluidos foi calculado utilizando um sistema de software incorporado. O aparelho de tensiómetro de gotas rotativas e o tubo capilar são mostrados na Figura 6.2 (a) e (b), respetivamente.

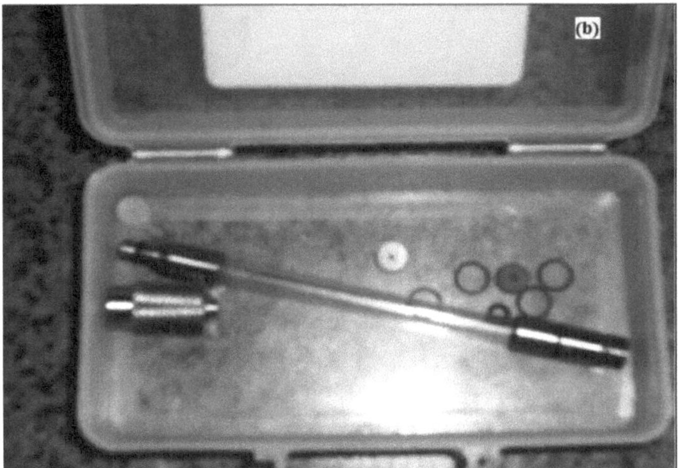

Figura 6.2. Configuração experimental da medição do IFT (a) DataPhysics, Tensiómetro de gota rotativa modelo n.º SVT 15N, (b) Tubo capilar FEC 622/400-HT

6.2.2.2. Medição da tensão superficial

No presente estudo, as tensões superficiais interfaciais da água destilada com diferentes percentagens de tensioativo foram medidas utilizando um tensiómetro programável (Kruss GmbH, Alemanha; Modelo: K20 Easy Dyne, utilizando o método do anel de Du Noüy. O anel de platina utilizado para o anel de Du Noüy foi cuidadosamente limpo com acetona e seco à chama após cada utilização. Em todos os casos, a gama de medição foi fixada em 5 e o desvio padrão não excedeu ± 0,1 mN/m. Para corrigir o efeito do anel, foi utilizada a correção de Harkins e Jordan. A tensão superficial no tensiómetro de anel é dada pela expressão:

$F=4\pi R\gamma$ (6.3)

onde R é o raio do anel, γ é a tensão superficial. A fotografia do medidor de tensão superficial é mostrada na Figura 6.3. A concentração micelar crítica (CMC) e a tensão superficial do tensioativo SMES foram determinadas utilizando um tensiómetro de anel de DuNouy (KRUSS- GmbH- K20 Easy Dyne) a uma temperatura constante (30±0,1°C). A concentração do tensioativo SMES foi variada por diluição de uma solução-mãe de tensioativo SMES com água destilada utilizando uma microsseringa Hamilton. O anel de platina foi cuidadosamente limpo e seco à chama antes de cada medição. Em todos os casos, foram efectuadas mais de três medições sucessivas. Foi também efectuada uma experiência para estudar o efeito de 0,5% a 5% (% em massa) de cloreto de sódio na tensão superficial da solução. Os valores medidos da tensão superficial foram representados em função da concentração do tensioativo SMES.

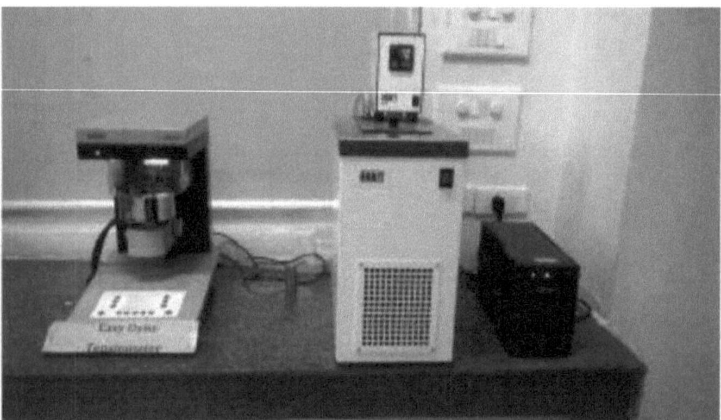

Figura 6.3. Fotografia do instrumento de medição da tensão superficial

6.3. RESULTADOS E DISCUSSÃO

6.3.1. Medição da tensão superficial do tensioativo SMES

A figura 6.4 mostra a tensão superficial das soluções do tensioativo SMES em diferentes concentrações. A concentração micelar crítica (CMC) deste tensioativo foi obtida como a interceção entre o declive descendente e a linha horizontal constante nos gráficos de tensão superficial em função da concentração. Com o aumento da concentração do tensioativo SMES, os valores da tensão superficial diminuem continuamente, tendo sido registado um valor mínimo de tensão superficial (a uma CMC de 5000 mg/L) de 38,4 mN/m. Os valores da tensão superficial permaneceram inalterados para concentrações superiores à CMC. A figura 6.5 mostra o efeito da concentração de NaCl sobre a tensão superficial da solução de tensioativo SMES à concentração micelar crítica (CMC). Um aumento da concentração de NaCl diminui significativamente a tensão superficial.

Isto deve-se ao facto de o cloreto de sódio fornecer iões livres na interface da solução que reduzem a energia livre na interface ar-solução aquosa. A tensão superficial foi reduzida para um valor mínimo de 27,6 mN/m ao adicionar cloreto de sódio à solução de surfactante (Bera et al., 2014).

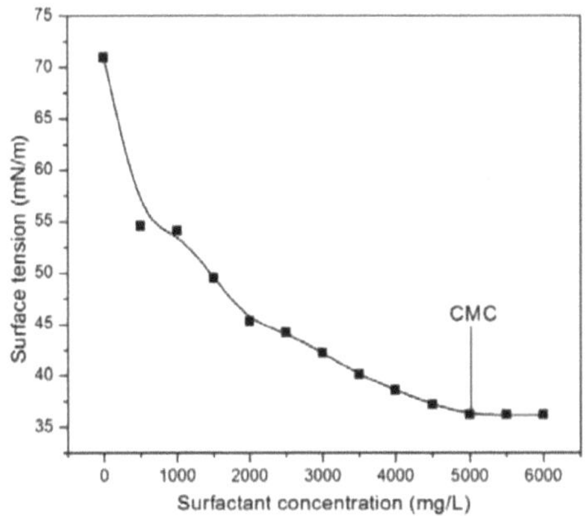

Figura 6.4. Tensão superficial do tensioativo SMES aquoso a diferentes concentrações

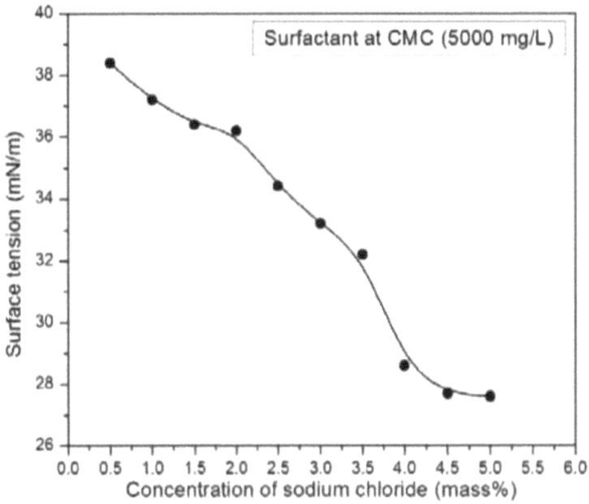

Figura 6.5. Influência da concentração de cloreto de sódio na tensão superficial na CMC

6.3.2. Efeito da concentração de surfactante nas medições IFT para SMES

A tensão interfacial (IFT) da interface entre o petróleo bruto e a água depende de vários factores que podem alterar o coeficiente de partição do agente ativo de superfície e a diferença de polaridade nas duas fases. A diminuição da IFT ocorre quando os coeficientes de partição dos tensioactivos nas duas fases são muito próximos. É bem sabido que quanto menor for a diferença de polaridade, menor será o IFT. O IFT pode ser influenciado por diferentes factores, tais como a salinidade, o tipo de tensioativo, a concentração do tensioativo, a temperatura, etc. Os efeitos dos parâmetros acima mencionados foram aqui discutidos com resultados experimentais. A tensão interfacial (IFT) de um sistema tensioativo de petróleo bruto depende da adsorção do tensioativo na interface petróleo bruto/água. A concentração do tensioativo influencia a variação da IFT entre o petróleo bruto e o sistema de água.

A Figura 6.6 mostra a variação dos valores da tensão interfacial com a concentração de SMES numa solução aquosa a 25 °C. Utilizando o método da gota giratória, os valores de IFT foram medidos para a solução de SMES nas concentrações de 1000 ppm, 2500 ppm, 5000 ppm, 6000 ppm e 7000 ppm. Observou-se que o IFT diminui inicialmente com a concentração do tensioativo. No entanto, após um determinado limite, o valor do IFT aumenta ligeiramente. Este valor de concentração de tensioativo, no qual a tensão interfacial é mínima, é designado por "concentração micelar crítica". Este comportamento é observado porque a molécula de tensioativo começa a agregar-se e a formar micelas em concentração nas interfaces, restringindo ou minimizando assim a atividade interfacial. Como resultado, o valor do IFT após a CMC aumenta ou permanece constante. Nas medições de dados IFT para SMES, o valor de CMC foi encontrado em 6000 ppm. O valor mínimo correspondente de IFT foi de 0,0344 mN/m. A figura 6.7 representa a imagem da gota de petróleo bruto durante a medição na solução de surfactante SMES no valor CMC.

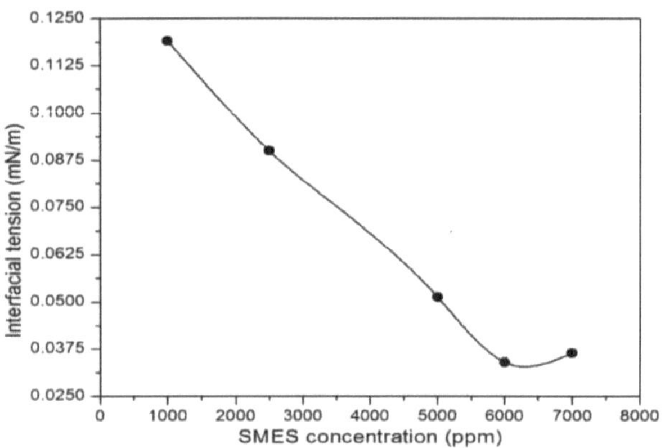

Figura 6.6.Variação do IFT com a concentração de tensioativo para a solução SMES a 25 °C

Figura 6.7. Instantâneo da gota giratória (petróleo bruto) no valor CMC (6000 ppm) para a solução SMES

A concentração de surfactante tem um efeito significativo na tensão interfacial. A Figura 6.8 mostra o efeito da concentração de SMES na tensão interfacial dinâmica. Foram utilizadas três concentrações diferentes, 1000 ppm, 2500 ppm, 5000 ppm, 6000 ppm e 7000 ppm, para medir a tensão interfacial entre o petróleo bruto e a fase aquosa do tensioativo SMES. A tensão interfacial foi medida em intervalos de tempo (espaçamento de 50 segundos). Inicialmente, 6000 ppm mostra a tensão interfacial mais baixa, mas com o passar do tempo a tensão interfacial mais baixa foi atingida em 7000 ppm. A acumulação e a adsorção de moléculas de tensioativo e o seu estabelecimento em equilíbrio levam tempo, pelo que, após algum tempo, se observou a variação da tensão interfacial. No caso de 1000 ppm e 2500 ppm, a variação da tensão interfacial com o tempo é quase constante. Por outro lado, as concentrações de 5000 ppm, 6000 ppm e 7000 ppm mostram uma variação das tensões interfaciais com o tempo. Esta flutuação da tensão interfacial depende da adsorção e dessorção do tensioativo na interface entre o petróleo bruto e a fase aquosa. A acumulação das moléculas de tensioativo depende da concentração. À medida que a concentração aumenta, o tempo necessário para estabilizar a tensão interfacial também aumenta. O intervalo de tensão interfacial é de 10^{-2} mN/m, o que representa uma tensão interfacial inferior muito significativa alcançada pelo tensioativo. Por conseguinte, este tensioativo pode ser utilizado para a recuperação de petróleo no que diz respeito ao aumento do número capilar através da redução da tensão interfacial.

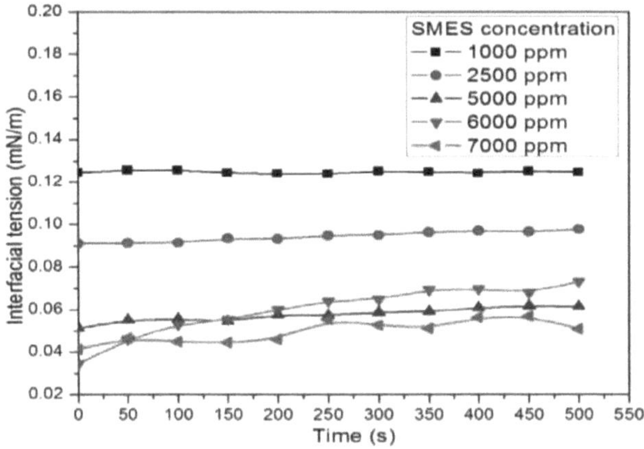

Figura 6.8. Variação do IFT dinâmico com o tempo para diferentes concentrações da solução SMES

6.3.3. Efeito do sal na redução do IFT pelo tensioativo SMES

A tensão interfacial dinâmica com a variação da concentração de sal a uma concentração fixa de SMES (6000 ppm) foi representada na Figura 6.9. Para efeitos experimentais, foram escolhidas concentrações de NaCl de 1% a 5% para medir a tensão interfacial. A tensão interfacial diminui com o aumento da concentração de sal até um determinado valor e, para além desta concentração de sal, a tensão interfacial aumenta. A Figura 6.10 confirma que a concentração de 3% de NaCl apresentou a tensão interfacial mais baixa. Por conseguinte, para o sistema SMES, a concentração de 3% de sal pode ser referida como a concentração óptima de sal. Os valores da tensão interfacial situam-se no intervalo de 10^{-3} mN/m, que é inferior ao do tensioativo SMES sozinho. Estes dados indicam o efeito sinérgico do sal-SMES, que ajuda a reduzir a tensão interfacial até um valor ultra-baixo (Bera et al., 2014). A imagem da gota giratória (petróleo bruto) a uma salinidade óptima (3,0%) com CMC (6000 ppm) para a solução SMES é apresentada na Figura 6.11.

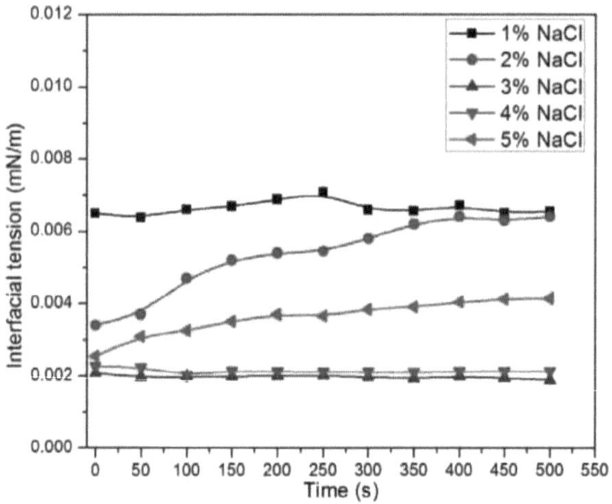

Figura 6.9. Variação do IFT Vs tempo para a solução de SMES a 6000ppm na presença de NaCl

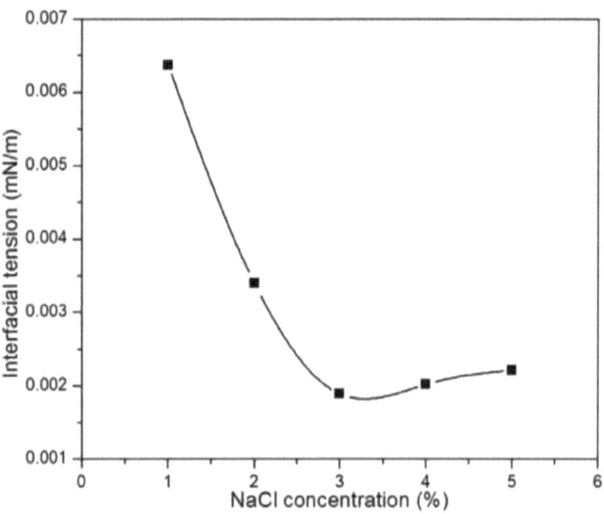

Figura 6.10. Efeito do NaCl no IFT da solução de SMES a 6000ppm

Figura 6.11. Instantâneo da gota de fiação (petróleo bruto) a uma salinidade óptima (3,0%) com CMC (6000 ppm) para a solução SMES

6.3.4. Efeito da concentração no IFT de soluções de tensioactivos poliméricos (PMES) com diferentes proporções de acrilamida para tensioativo

Foram efectuados estudos de IFT em soluções de tensioactivos poliméricos com diferentes proporções de acrilamida para sulfonato a 1000 ppm, 1500 ppm, 2000 ppm, 2500 ppm, 4000 ppm, 5000 ppm e 6000 ppm a 25 °C. Verificou-se que os valores de IFT diminuem com o aumento da concentração e, após essa concentração específica, começam a aumentar ligeiramente. À medida que a concentração do tensioativo aumenta, este acumula-se na interface óleo-água, reduzindo o IFT, mas após a CMC, os tensioactivos estabilizam-se à medida que se formam micelas na maior parte da solução, não havendo mais redução do IFT. Os valores de CMC de várias amostras de ésteres metílicos sulfonados de polímeros foram obtidos nesta experiência. A Figura 6.12 mostra que os valores de CMC dos tensioactivos poliméricos P1, P2, P3, P4 e P5 em soluções aquosas foram de 5000 ppm para todas as soluções devido à estrutura semelhante do tensioativo enxertado na espinha dorsal do polímero. Os valores mínimos de IFT na CMC para P1, P2, P3, P4 e P5 foram observados como sendo 0,0854, 0,0352, 0,0493, 0,0612 e 0,0647 mN/m, respetivamente. A partir dos dados interfaciais, fica claro que a solução P2 é a mais adequada para a redução da tensão interfacial. A compatibilidade da relação sulfonato/acrilamida (1:0,5) é ideal para estudos de tensão interfacial no caso do tensioativo P2, resultando numa área interfacial e energia livre mínimas em solução aquosa. Consequentemente, o P2 atinge um valor IFT mais baixo na concentração micelar crítica (5000 ppm) do que as outras soluções de tensioactivos poliméricos. Todas as soluções de tensioactivos poliméricos seguem a mesma tendência no comportamento interfacial devido à sua composição e estrutura molecular semelhantes. Os valores de IFT diminuem até uma concentração de 5000 ppm, após o que aumentam com uma pequena inclinação.

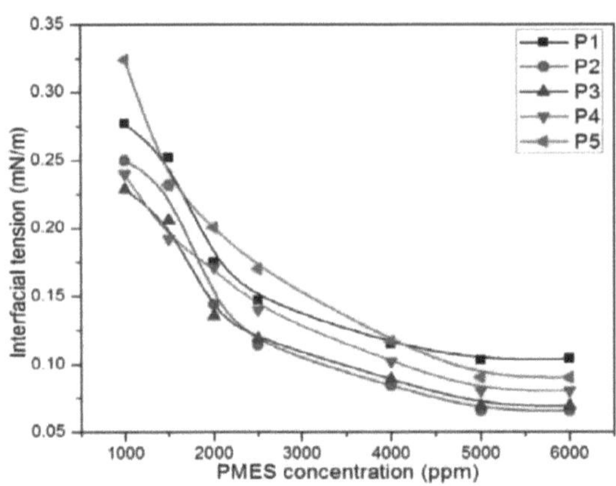

Figura 6.12. Variação do IFT com a concentração para diferentes soluções de PMES **6.3.5.
Efeito da mistura de NaCl e do tensioativo PMES no IFT**

O efeito sinérgico pode ser observado na mistura de surfactante e sal (Zhao et al., 2004). O próprio PMES apresenta um comportamento de tensão interfacial inferior ao do petróleo bruto. A Figura 6.14 mostra a redução adicional da tensão interfacial quando o sal foi utilizado com o tensioativo. As tensões interfaciais de variação temporal foram medidas com uma concentração constante de tensioativo em diferentes concentrações de sal. A figura mostra que a solução de concentração de 4% de NaCl produziu a tensão interfacial mais baixa com o petróleo bruto. Por conseguinte, pode afirmar-se que a concentração óptima de sal para este sistema é de cerca de 4% de NaCl. A tensão interfacial mais baixa pode ser atingida até 10^{-3} mN/m para a mistura de sal e tensioativo polimérico, enquanto o tensioativo polimérico pode produzir até 10^{-2} mN/m sozinho. Por conseguinte, a mistura de sal e tensioativo polimérico é capaz de mostrar um efeito sinérgico na redução da tensão interfacial com o petróleo bruto. A tensão interfacial de equilíbrio para todas as concentrações de sal foi representada na Figura 6.15. É evidente que 4% de NaCl é a concentração óptima para o sistema escolhido porque o valor mais baixo de IFT foi registado nesta salinidade. Além disso, verificou-se que o valor da IFT aumentou e não se registou mais nenhuma diminuição da IFT após a concentração de 4% de NaCl.

A Figura 6.16 mostra a variação da tensão interfacial com o tempo para diferentes proporções de sulfonato-acrilamida. Após o equilíbrio temporal correto, o sistema P2 apresenta a tensão interfacial mais baixa a 4% de concentração de NaCl. A concentração de 4% de NaCl foi escolhida com base em resultados anteriores, uma vez que permite obter a tensão interfacial mais baixa. A concentração de surfactante foi fixada em 5000 ppm.

Por conseguinte, pode afirmar-se que o sistema P2 com uma concentração de 5000 ppm e 4% de NaCl é outra condição óptima para reduzir eficazmente a tensão interfacial.

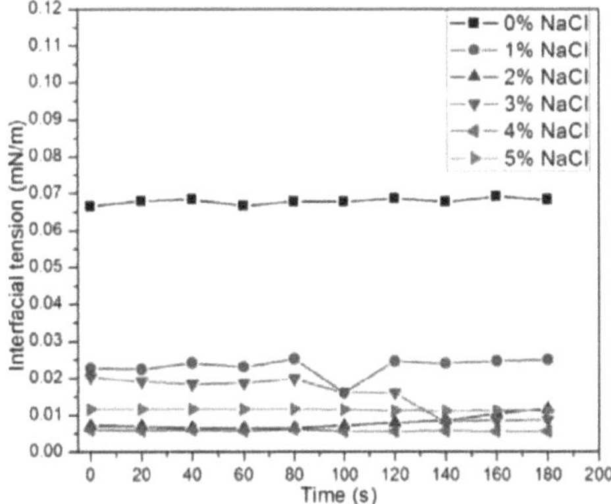

Figura 6.14. Variação da tensão interfacial dinâmica (DIFT) com o tempo para a solução de PMES 5000ppm (P2) em solução de NaCl

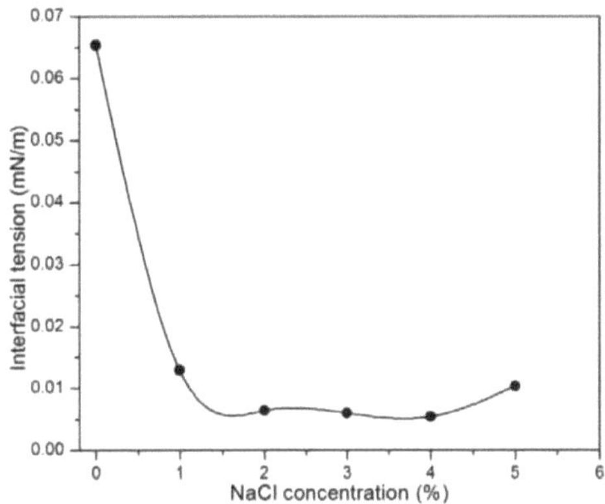

Figura 6.15. Efeito do NaCl no IFT da solução de PMES a 5000 ppm (P2)

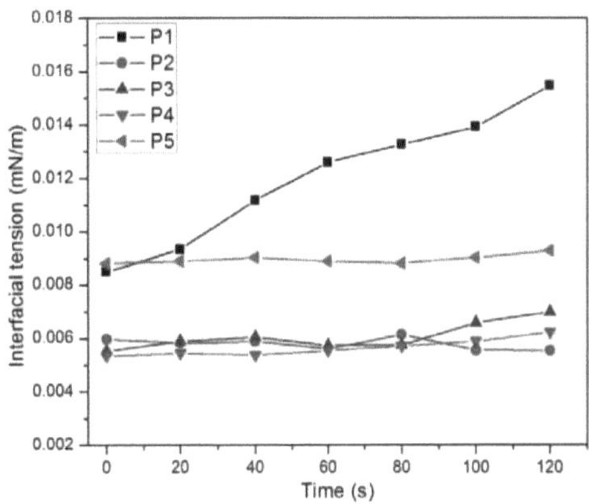

Figura 6.16. Variação da tensão interfacial dinâmica com o tempo 5000 ppm de solução PMES

6.3.6. Efeito da relação acrilamida-sulfonato na mistura tensioactiva sal-polímero com o valor IFT mais baixo

A mistura de sal e tensioativo polimérico mais eficaz em termos de interface foi obtida a 5000 ppm com um teor de NaCl de 4%. As relações acrilamida-surfactante foram variadas para estudar o seu efeito relativo nas medições IFT. A Figura 6.13 mostra que o P4 (relação acrilamida-surfactante 0,8:1) é mais eficaz do que os outros tensioactivos poliméricos para baixar o IFT para valores ultra-baixos do que os tensioactivos poliméricos em condições combinadas de CMC e salinidade óptima. Estes dados são relevantes para a formulação de misturas potentes de tensioactivos poliméricos e salinos para melhorar a recuperação de petróleo através do mecanismo de redução da tensão interfacial e do controlo da mobilidade desejada.

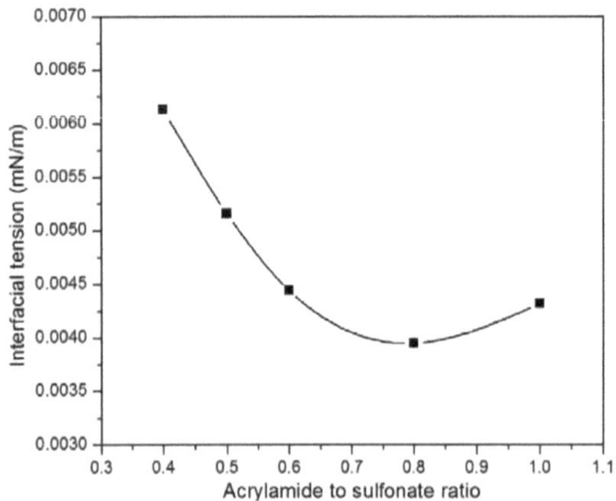

Figura 6.13. Efeito da variação da razão acrilamida-sulfonato nos valores de IFT em soluções de PMES a 5000 ppm contendo 4% de NaCl a 25 °C

6.4. CONCLUSÕES

Foram efectuados estudos para compreender a tensão interfacial entre o petróleo bruto e o novo tensioativo e o tensioativo polimérico. O tensioativo polimérico foi obtido a partir da polimerização do metil éster sulfonato de sódio (SMES), obtido a partir do óleo de rícino. Com base nos resultados experimentais, podem ser tiradas as seguintes conclusões:

1.   O gráfico da tensão superficial a várias concentrações da solução de tensioativo SMES mostra uma diminuição da tensão superficial da solução de tensioativo SMES para 38,4 mN/m e 27,6 mN/m sem e com NaCl, respetivamente, na CMC.

2.   O SMES e o PMES são capazes de reduzir a tensão interfacial até 10^{-2} a 10^{-3} mN/m numa concentração adequada. Mas o tensioativo polimérico é um candidato adequado para a recuperação

química de petróleo. A introdução de sal em ambos os tensioactivos mostrou um efeito sinérgico. Por conseguinte, a mistura de sais de tensioactivos a uma concentração óptima pode ser utilizada como agente de inundação promissor para a recuperação melhorada de petróleo.

3. A relação entre a acrilamida e o sulfonato influencia significativamente a tensão interfacial do surfactante polimérico e do sistema de petróleo bruto. Foi interessante verificar que a relação (1:0,5) entre a acrilamida e o sulfonato para uma solução de 5000 ppm apresentou a tensão interfacial mais baixa.

4. Foram obtidos dados interfaciais para estudar os resultados e os efeitos correspondentes do SMES e do polímero metil éster sulfonato (PMES). Observou-se que o IFT diminui inicialmente com a concentração de surfactante e PMES. No entanto, após um determinado limite, o valor do IFT aumenta ligeiramente. Este valor de concentração de tensioativo no qual a tensão interfacial é mínima é designado por "concentração micelar crítica (CMC)". Este comportamento é observado porque as duas moléculas de tensioativo começam a agregar-se a este valor de CMC e a formar micelas no volume da solução, restringindo ou minimizando assim a atividade interfacial. Como resultado, o valor de IFT após a CMC aumenta ou permanece constante.

5. Nas medições de dados de IFT para SMES, o valor de CMC foi de 6000 ppm e o valor correspondente da tensão interfacial mínima foi de $3,44 \times 10^{-2}$ mN/m. Além disso, para os tensioactivos poliméricos (PMES) em soluções aquosas, os valores mínimos de IFT para P1, P2, P3, P4 e P5 foram observados como sendo $8,54 \times 10^{-2}$, $3,52 \times 10^{-2}$, $4,93 \times 10^{-2}$, $6,12 \times 10^{-2}$ e $6,47 \times 10^{-2}$ mN/m respetivamente a valores de CMC de 5000 ppm.

6. Verificou-se que a IFT diminui drasticamente com a adição de sal. A 25 °C, com o aumento da concentração de NaCl nas soluções SMES e PMES, a tensão interfacial diminui inicialmente e depois aumenta numa determinada concentração de sal NaCl. Isto é referido como salinidade óptima. Para além da salinidade óptima, a adição adicional de sal não tem efeitos ou tem efeitos prejudiciais na atividade interfacial. O valor mais baixo obtido de IFT para a solução SMES foi de $1,97 \times 10^{-3}$ mN/m a uma salinidade óptima de 3% de NaCl. Este efeito combinado do sal e do tensioativo nos sistemas óleo cru/água é frequentemente referido como o efeito sinérgico da mistura sal-surfactante no IFT.

CAPÍTULO-7

PROPRIEDADES REOLÓGICAS DE TENSIOACTIVO POLIMÉRICO

A propriedade de solução mais importante do polímero que é de interesse na inundação de polímeros é a sua viscosidade. O estudo do comportamento do fluxo de fluidos não-newtonianos é chamado de reologia. O comportamento viscoso das soluções de polímeros está relacionado com o peso molecular da macromolécula, que está relacionado com a viscosidade intrínseca. Neste capítulo, foi feita uma investigação sobre o comportamento reológico de um novo tensioativo polimérico sintetizado derivado do óleo de rícino. Tendo em conta o objetivo básico de melhorar a recuperação de petróleo através do aumento da eficiência da varredura, a atenção centra-se principalmente na obtenção de uma viscosidade mais elevada e de um melhor controlo da mobilidade dos tensioactivos poliméricos com diferentes razões acrilamida-sulfonato a concentrações semelhantes. Os efeitos da temperatura, da concentração e da adição de sal sobre a viscosidade, a tensão de cisalhamento e as propriedades viscoelásticas foram estudados exaustivamente para determinar a adequação do tensioativo polimérico como um agente de inundação química eficaz. Normalmente, o comportamento pseudoplástico exibido pelos sistemas poliméricos é considerado benéfico a taxas de cisalhamento mais elevadas, uma vez que a viscosidade perto do poço de injeção é reduzida, o que proporciona uma melhor injectividade. No entanto, são desejadas viscosidades mais elevadas quando o tensioativo polimérico injetado se desloca para o interior do reservatório, a fim de atingir o rácio de mobilidade desejado. Estudos recentes indicam que a viscoelasticidade é também uma propriedade importante dos sistemas poliméricos que contribui para varrer o óleo residual nas extremidades dos poros e a película de óleo nos poros ou nas gargantas dos poros, ajudando assim a melhorar a eficiência da varredura. Assim, as medições viscosimétricas e viscoelásticas fornecem dados importantes sobre o comportamento de fluxo dos tensioactivos poliméricos.

7.1. INTRODUÇÃO

Os processos químicos de EOR envolvem uma grande variedade de mecanismos, incluindo a utilização de polímeros e tensioactivos para alterar ou melhorar as propriedades dos fluidos dos reservatórios, tornando-os mais favoráveis à extração. A injeção de polímeros solúveis em água é amplamente utilizada na EOR devido à sua capacidade de melhorar a eficiência da varredura através da redução da mobilidade do meio de deslocamento (Mishra et al., 2014). Ultimamente, têm sido relatados estudos sobre a síntese e a aplicação de surfactantes poliméricos na recuperação avançada de petróleo (Elraies et al., 2011, Cao et al., 2001).

A injeção de tensioativo polimérico melhora a viscosidade do fluido de deslocamento no reservatório, aumentando assim a eficiência da varredura vertical e da área. A eficácia e a viabilidade económica da

EOR por inundação estão relacionadas com a injectividade ou taxa de injeção, que por sua vez depende da viscosidade do fluido injetado (Lake et al., 1989). A viscosidade é controlada por uma série de factores como a temperatura, a concentração, a presença de sais, etc. (Clifford et al., 1985, Dong et al., 2008). Normalmente, o comportamento pseudoplástico exibido pelos sistemas poliméricos é considerado benéfico a taxas de cisalhamento mais elevadas, uma vez que a viscosidade perto do poço de injeção é reduzida, o que proporciona uma melhor injectividade (Lee et al., 2011). No entanto, são desejadas viscosidades mais elevadas quando o tensioativo polimérico injetado se desloca para o interior do reservatório para atingir o rácio de mobilidade desejado (Sastry et al., 1999, Lee et al., 2011). Estudos recentes indicam que a viscoelasticidade é também uma propriedade importante dos sistemas poliméricos que contribui para varrer o óleo residual nas extremidades dos poros e a película de óleo nos poros ou gargantas dos poros, ajudando assim a melhorar a eficiência da varredura (Zhao et al., 2004).

Os polímeros são principalmente utilizados na indústria petrolífera pelas suas propriedades físicas melhoradas, como o poder viscosificante (Pope, G. A. 1980). As propriedades físicas do polímero estão bem relacionadas com a sua estrutura molecular e peso. Os biopolímeros (goma xantana) e os polímeros sintéticos (poliacrilamida) são as principais categorias utilizadas na indústria petrolífera pelas suas razões específicas. Os biopolímeros, como a xantana, têm uma aplicação limitada, uma vez que são mais susceptíveis à biodegradação (Bragg et al., 1982) e só podem ser utilizados a uma temperatura inferior a 140 °C. Os polímeros sintéticos, como a poliacrilamida (PAM), têm uma aplicação mais vasta, uma vez que são menos susceptíveis à biodegradação e podem ser utilizados a temperaturas mais elevadas. O polímero à base de acrilamida (tensioativo PMES) mantém a sua estrutura e massa originais. Pode concluir-se que o PMES é termicamente estável à temperatura desejada do reservatório.

7.2. SECÇÃO EXPERIMENTAL

7.2.1. Materiais utilizados

O novo surfactante polimérico foi sintetizado neste estudo, de modo que as soluções de éster metílico sulfonado polimérico (PMES) foram utilizadas em diferentes concentrações para dados reológicos. O cloreto de sódio e o cloreto de cálcio foram adquiridos à Merck Millipore India. Os sais, nomeadamente o cloreto de sódio (NaCl) e o cloreto de cálcio ($CaCl_2$), foram também adicionados em diferentes concentrações para estudar os seus efeitos individuais na viscosidade. Utilizou-se água bidestilada como solvente, que é desionizada, para fazer soluções PMES com ou sem a presença de sais.

7.2.2. Aparelhos e metodologia

As medições reológicas foram efectuadas com um reómetro Bohlin Gemini 2, ilustrado na Figura 7.1, fabricado por M/S Malvern Instruments Limited, Reino Unido. Este reómetro é um modelo de um "Reómetro avançado de rolamento de ar". Utiliza o ar como meio de lubrificação, permitindo assim uma aplicação de binário praticamente sem fricção.

A geometria de Ewart Mooney foi utilizada para obter dados nas medições em modo viscoso e oscilatório. As medições da viscosidade e da taxa de cisalhamento no modo de viscosimetria foram efectuadas utilizando o sistema de medição cup and bob (cilindro coaxial). Uma pequena quantidade da solução polimérica foi colocada numa célula de teste designada por copo. Uma bobina de face plana foi pressionada no copo cilíndrico que contém a solução polimérica, de modo a que o espaço vertical entre a bobina e a base do copo que contém a solução polimérica seja de 0,5 μm. A bobina em contacto com a solução polimérica no copo foi então rodada a velocidades específicas variáveis (taxas de deformação). A força exercida pela amostra de fluido (no estreito espaço vertical entre a bobina e a base do copo) no cilindro é indicada pelo valor da tensão de cisalhamento. A viscosidade foi medida devido ao arrastamento criado pela solução polimérica na superfície cilíndrica devido à rotação da bobina.

A gama de velocidades de corte para o modo de viscosimetria nesta experiência foi variada de 1 a 1000 s^{-1} e os valores correspondentes da viscosidade e da velocidade de corte foram medidos em função das diferentes velocidades de corte. As leituras viscosimétricas foram efectuadas a 25 °C, 40 °C e 60 °C e os seus efeitos variáveis foram comparados a uma velocidade de 80 s^{-1} como indicado nas figuras, para diferentes concentrações das soluções de tensioactivos poliméricos. As leituras no modo oscilatório foram obtidas utilizando uma frequência angular entre os valores de 0,1 e 150 rad/s. No modo oscilatório, foram efectuadas medições de varrimento de amplitude e de varrimento de frequência sobre uma pequena quantidade de solução de tensioactivos poliméricos para determinar as suas propriedades viscoelásticas. As leituras oscilatórias foram obtidas a 25 °C.

O comportamento reológico dos fluidos pode ser classificado como newtoniano e não newtoniano. A água é um fluido newtoniano na medida em que o caudal varia linearmente com o gradiente de pressão, pelo que a viscosidade é independente do caudal. Os polímeros são fluidos não newtonianos. Para os fluidos não newtonianos, o comportamento reológico pode ser expresso em termos de "viscosidade aparente", que pode ser definida como -

$$\mu = \frac{\tau}{\gamma} \tag{7.1}$$

em que γ taxa de cisalhamento, τ tensão de cisalhamento e μ viscosidade

A viscosidade aparente das soluções poliméricas utilizadas nos processos EOR diminui com o aumento da taxa de cisalhamento. Diz-se que os fluidos com esta caraterística reológica são de diluição por cisalhamento. Os materiais que apresentam um efeito de diluição por cisalhamento são designados pseudoplásticos. Os tensioactivos poliméricos à base de monómeros de acrilamida, como o PMES, têm uma taxa de cisalhamento elevada para obter uma mistura adequada. A mudança mais significativa na mobilidade do polímero ocorre perto dos poços onde as viscosidades do fluido são grandes (Lake et al., 1989). A reometria é uma técnica poderosa para a medição de materiais fluidos de reologia de cisalhamento complexa, suficientemente sensível para medir a viscosidade de soluções diluídas de polímeros e, no entanto, suficientemente robusta para medir a viscoelasticidade de polímeros ou compósitos de elevado módulo. A reometria rotacional é ideal para discernir alterações estruturais e de composição dos materiais, que podem ser factores de controlo críticos nas propriedades de fluxo e deformação e, em última análise, na estabilidade e desempenho do produto. O princípio básico da reometria consiste em realizar experiências simples em que as características do fluxo, tais como a distribuição da tensão de corte e o perfil de velocidade, são conhecidas antecipadamente e podem ser impostas. Nestas condições, é possível inferir a curva de fluxo, ou seja, a variação da tensão de cisalhamento em função da taxa de cisalhamento, a partir de medições de quantidades de fluxo como o binário e a velocidade de rotação para um viscosímetro rotacional. Um reómetro é normalmente um instrumento que pode exercer um binário/força sobre um material e medir com precisão a sua resposta ao longo do tempo.

Figura 7.1. Fotografia da montagem do Reómetro Bohlin Gemini 2

7.2.3. Modelo de lei de potência para fluidos não newtonianos

O modelo da lei da potência é utilizado para estudar o comportamento não newtoniano das soluções de tensioactivos poliméricos. Quando a taxa de cisalhamento excede 50 s^{-1} , o tensioativo polimérico torna-se pseudoplástico, o que é indicado pela diminuição da viscosidade com a taxa de cisalhamento. O modelo reológico utilizado para estudar o comportamento pseudoplástico é o modelo da lei de potência (Casson, 1959), que é dado na Equação 7.2.

$$\tau = k\,\gamma^{n} \tag{7.2}$$

onde τ denota a tensão de cisalhamento aplicada (Pa), γ é a taxa de cisalhamento (s^{-1}). O valor de k e n dá o índice de consistência (Pa s^n) e o índice de comportamento do fluxo, respetivamente. O índice de consistência tem a unidade Pa s^n enquanto o valor do índice de comportamento do fluxo varia com a concentração do tensioativo.

Utilizando o modelo de lei de potência, o índice de comportamento do fluxo (n) e o índice de consistência (k) são calculados a partir da seguinte Equação 7. 3, como se mostra.

$$\log \tau = \log k + n \log \gamma \tag{7.3}$$

Um gráfico de τ vs γ em escala logarítmica dá o valor de k a partir da interceção e n a partir do declive do gráfico.

7.3. RESULTADOS E DISCUSSÃO

7.3.1. Efeito da temperatura na viscosidade do PMES

Foi estudada a variação da viscosidade do tensioativo polimérico (PMES) em função das relações ponderais entre o monómero de acrilamida e o SMES presente no tensioativo polimérico. As curvas de fluxo para soluções de PMES de 2500 ppm, 5000 ppm, 7500 ppm e 10000 ppm com diferentes razões acrilamida-sulfonato a 80 s^{-1} taxa de cisalhamento são mostradas nas Figuras 7.2, 7.3, 7.4 e 7.5 respetivamente. As experiências foram efectuadas a 25 °C, 40 °C e 60 °C.

A partir da dependência da temperatura das viscosidades, é evidente que em várias proporções de soluções PMES examinadas, as viscosidades diminuíram com o aumento da temperatura, como esperado (Kamal et al., 2013). Isto deve-se ao facto de que, com o aumento da temperatura, o período de tempo de contacto entre as moléculas vizinhas diminui e as interacções intermoleculares. Por outras palavras, as forças de coesão entre as moléculas diminuem como efeito do aumento das velocidades das moléculas individuais. Verificou-se que, com o aumento da temperatura, a solução P5 com uma relação acrilamida-sulfonato (1:1) tem viscosidades mais elevadas do que as outras soluções. Isto pode ser atribuído ao facto de a solução P5 com um teor mais elevado de acrilamida ter um comprimento de cadeia mais longo do que as outras amostras de soluções de tensioactivos poliméricos.

Os dados de viscosidade para estudar a dependência da viscosidade em relação à temperatura foram medidos a uma taxa de cisalhamento de 80 s^{-1}. O gráfico que mostra a relação linear entre ln η (logaritmo natural da viscosidade) e T^{-1} é apresentado na Figura 7.6. A dependência da temperatura em relação à viscosidade do tensioativo polimérico é explicada pela equação de Arrhenius (Zhou et al., 2000) apresentada na Equação 7.4.

$$\eta = A \exp (\Delta E\eta / RT) \tag{7.4}$$

em que η é a viscosidade aparente da solução de tensioativo polimérico (cP), $\Delta E\eta$ é a energia de ativação viscosa (kJ/mol), R é a constante dos gases (0,008314 kJ/mol) e T é a temperatura absoluta (em Kelvin). Utilizando a Eq. 1, o ln η e o recíproco da temperatura mostram uma relação linear com um declive de $\Delta E_r / R$. Os dados de viscosidade para estudar a dependência da viscosidade em relação à temperatura foram medidos a uma taxa de cisalhamento de 80 s^{-1} .

As energias de ativação viscosa para diferentes tensioactivos poliméricos (P1, P2, P3, P4 e P5) foram calculadas a partir dos declives das linhas rectas obtidas na Figura 7.6 e estão representadas na Tabela 7.1. Verifica-se que a energia de ativação aumenta com o aumento da relação acrilamida/sulfonato dos tensioactivos poliméricos. Quanto maior for o valor da energia de ativação viscosa, maior é a influência da temperatura sobre a viscosidade.

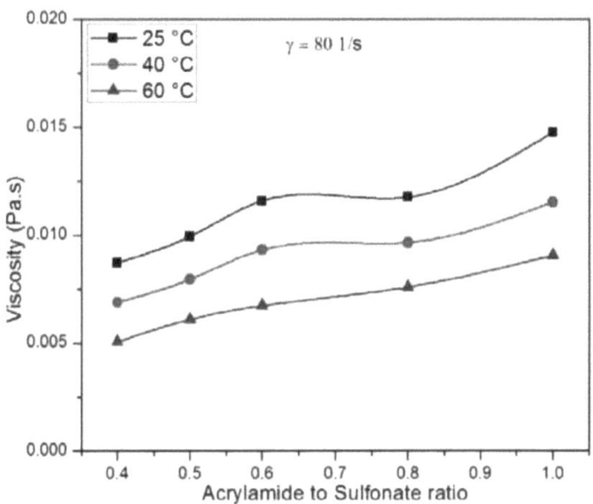

Figura 7.2. Variação da viscosidade dinâmica do tensioativo polimérico (PMES) com a relação acrilamida/sulfonato para uma solução de 2500 ppm a diferentes temperaturas

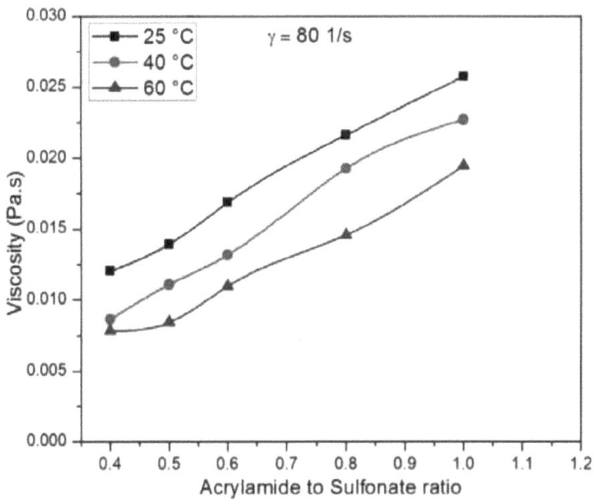

Figura 7.3. Variação da viscosidade dinâmica do tensioativo polimérico (PMES) com a relação acrilamida/sulfonato para uma solução de 5000 ppm a diferentes temperaturas

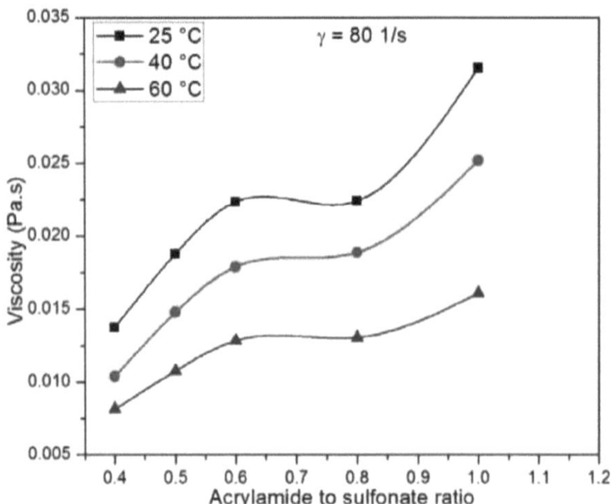

Figura 7.4. Variação da viscosidade dinâmica do tensioativo polimérico (PMES) com a relação acrilamida/sulfonato para uma solução de 7500 ppm a diferentes temperaturas

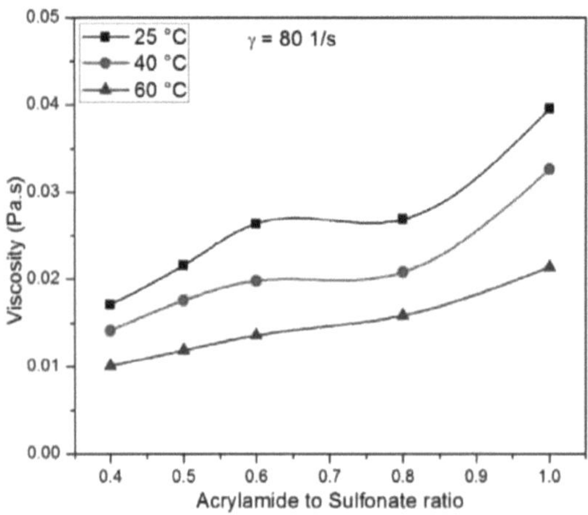

Figura 7.5. Variação da viscosidade dinâmica do tensioativo polimérico (PMES) com a relação acrilamida/sulfonato para uma solução de 10000 ppm a diferentes temperaturas

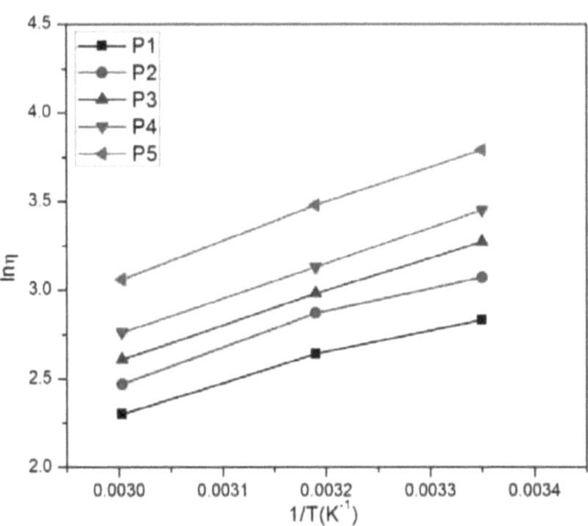

Figura 7. 6. Variação de ln η com o inverso da temperatura de diferentes soluções de tensioactivos poliméricos a 10000 ppm para 80 s^{-1} taxa de cisalhamento

Quadro 7.1. Valores da energia de ativação calculados a partir do declive das curvas ln η e T^{-1} para tensioactivos poliméricos com diferentes razões acrilamida-sulfonato a 10000 ppm

Amostra a 10000 ppm	P1	P2	P3	P4	P5
Energia de ativação (kJ/mol)	12.70	14.37	15.81	16.53	17.49

7.3.2. Efeito da concentração de PMES e da relação entre acrilamida e sulfonato na viscosidade e na tensão de cisalhamento

As concentrações de diferentes tensioactivos poliméricos (P1, P2, P3, P4 e P5) variaram entre 2500 ppm, 5000 ppm, 7500 ppm e 10000 ppm a 25 °C para o estudo reológico. Para a análise viscosimétrica, a taxa de cisalhamento variou entre 1 s^{-1} e 1000 s^{-1} para o perfil de viscosidade e 250 s^{-1} para estudos de perfil de tensão de cisalhamento. As viscosidades das soluções aumentam com o aumento da concentração para cada solução PMES. Os perfis de viscosidade das soluções de tensioactivos poliméricos com uma relação variável entre acrilamida e sulfonato em diferentes concentrações, tal como verificado experimentalmente, estão representados na Figura 7.7. Verificou-se que, para cada solução PMES, a taxa de cisalhamento da viscosidade mostra um comportamento newtoniano a baixa taxa de cisalhamento (até 50s^{-1}). Depois disso, apresenta um comportamento pseudoplástico não newtoniano. Observa-se que a P5 registou uma viscosidade mais elevada do que as outras soluções a baixas taxas de corte. Uma vez que a P5 produz os dados reológicos mais favoráveis em termos de controlo da viscosidade e da mobilidade, o perfil de tensão de corte constante da P5 é apresentado na Figura 7.8.(a, b) Verifica-se que a tensão de corte aumenta geralmente com a concentração. Consequentemente, o P5 permite um controlo da mobilidade muito melhor do que outros tensioactivos poliméricos durante os processos de deslocamento e de recuperação (Sastry et al.,

1999).

Além disso, verifica-se que as viscosidades das soluções aumentam com o aumento da relação acrilamida-sulfonato. Este aumento da viscosidade pode ser atribuído ao aumento do seu volume hidrodinâmico, que tem o duplo efeito de bloquear o movimento das moléculas de solvente e de retardar o seu movimento ligando-se a elas (Holmberg et al., 1996).

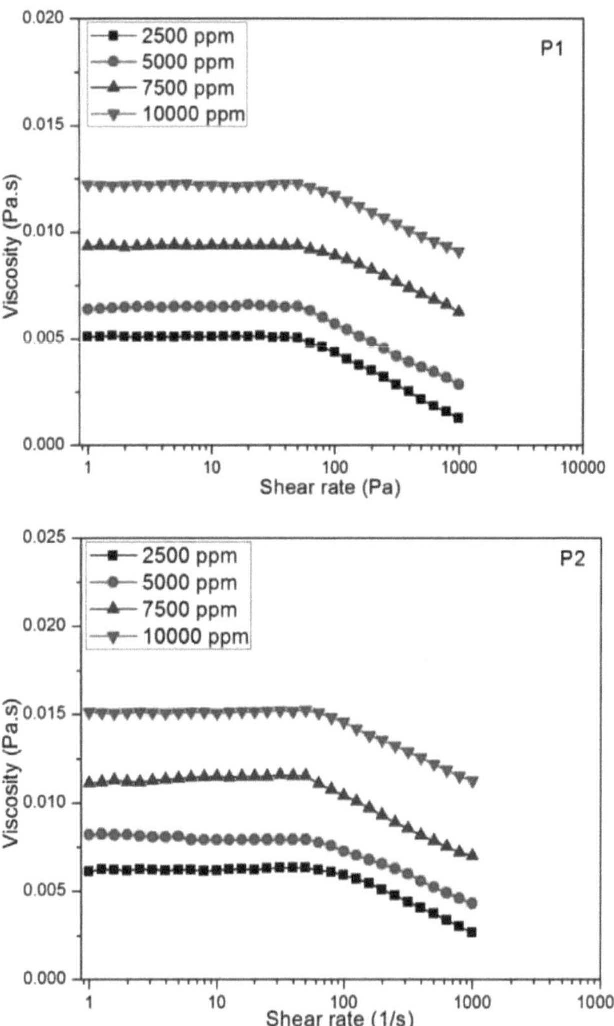

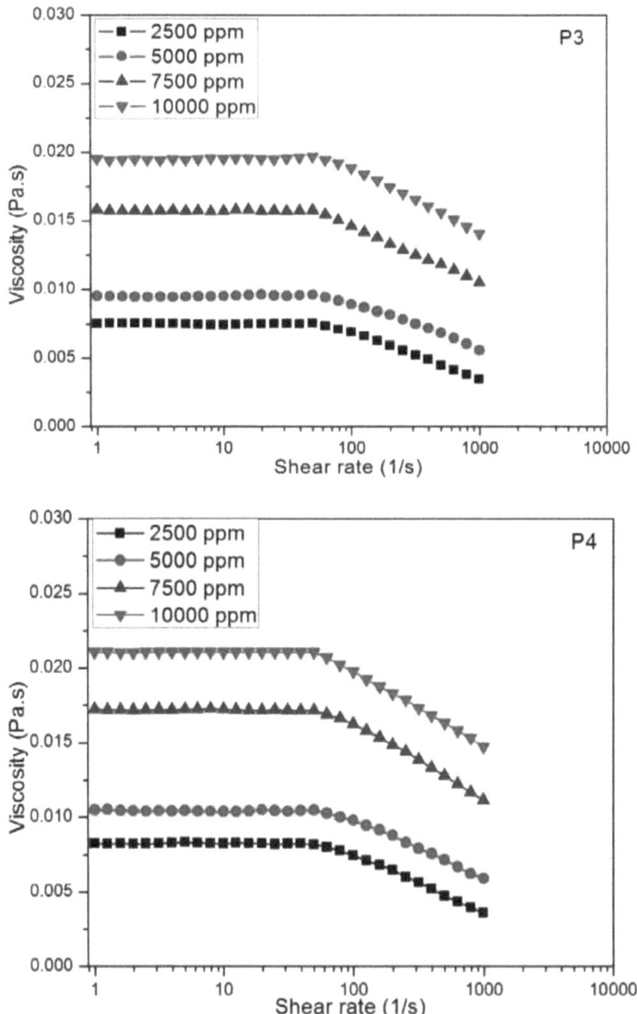

0.030
0.025
0.020
0.015
0.010
0.005
0.000
Viscosity (Pa.s)
2500 ppm
5000 ppm
7500 ppm
10000 ppm
P3
1
10
100
1000
10000
Shear rate (1/s)
0.030
0.025
0.020
0.015
0.010
0.005
0.000
Viscosity (Pa.s)
2500 ppm
5000 ppm
7500 ppm
10000 ppm
P4
1
10
100
1000
10000
Shear rate (1/s)

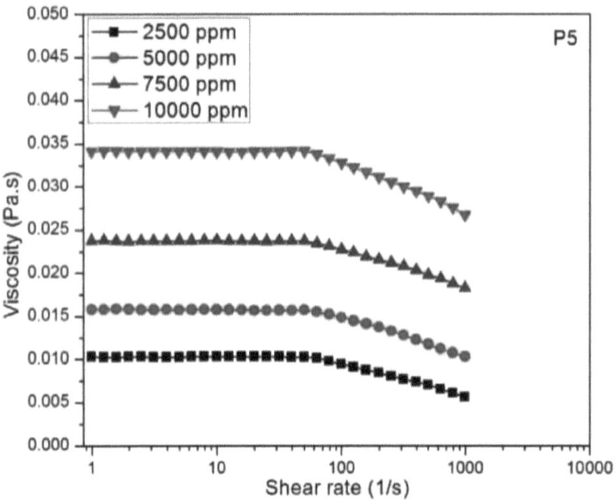

Figura 7.7. Perfil experimental da viscosidade de cisalhamento constante de diferentes soluções de tensioactivos poliméricos (P1, P2, P3, P4 e P5) a 25 °C em concentrações variáveis

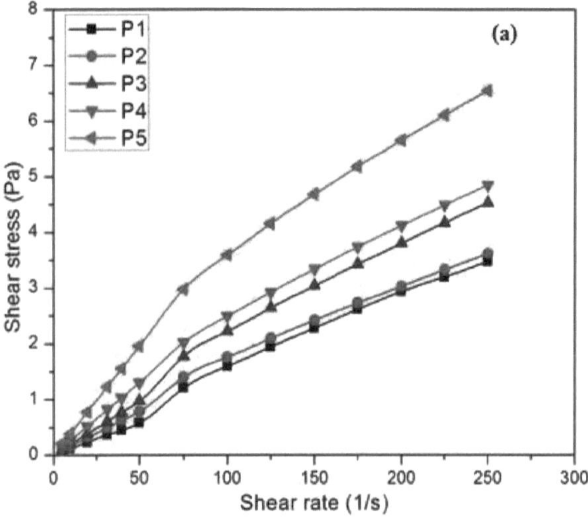

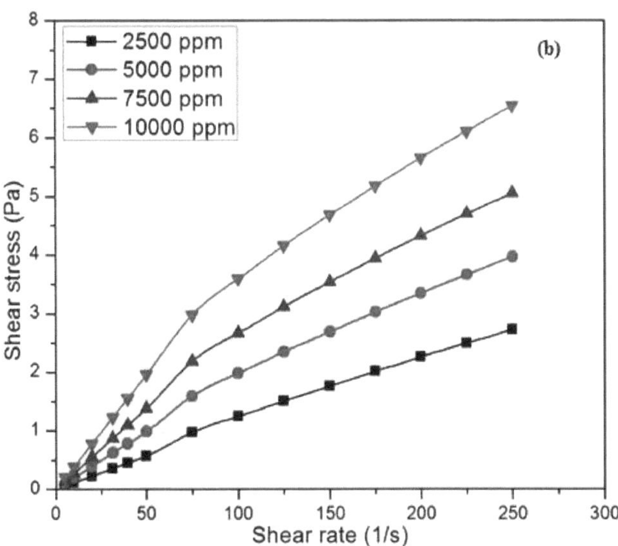

Figura 7.8. Perfil da tensão de cisalhamento de (a) diferentes tensioactivos poliméricos a 10000 ppm a 25 °C (b) solução P5 a 25 °C em concentrações variáveis

Curiosamente, observou-se que o tensioativo polimérico apresenta um comportamento de fluxo duplo a diferentes taxas de cisalhamento. Os resultados experimentais mostram que todas as soluções têm um comportamento newtoniano até uma determinada taxa de cisalhamento de 50 s^{-1}. Este valor da taxa de cisalhamento (50 s^{-1}), que marca a transição do comportamento newtoniano para o não newtoniano, é designado por taxa de cisalhamento crítica. Para além de 50 s^{-1} as soluções exibem um comportamento não-Newtoniano. A taxa de cisalhamento crítica permaneceu constante para os tensioactivos poliméricos de todas as concentrações e proporções de acrilamida-sulfonato. Isto indica que a viscosidade dos fluidos é independente da tensão de cisalhamento e que a tensão de cisalhamento aumenta linearmente com a taxa de cisalhamento até 50 s^{-1}. A redução da viscosidade com a taxa de cisalhamento está principalmente relacionada com a orientação das macromoléculas ao longo da linha de fluxo e com o desemaranhamento das macromoléculas com o aumento da força de cisalhamento (Samanta et al., 2010). O comportamento de afinamento por cisalhamento dos tensioactivos poliméricos a taxas de cisalhamento elevadas pode revelar-se favorável durante o processo de injeção, devido à diminuição da viscosidade a taxas de cisalhamento mais elevadas, o que resulta num aumento da injectividade (Lee et al., 2011). Além disso, são desejáveis valores de viscosidade elevados e consistentes quando o tensioativo polimérico se move profundamente no reservatório a baixas taxas de cisalhamento, melhorando assim o controlo da mobilidade e a eficiência da recuperação (Sastry et al., 1999). O modelo da lei da potência é utilizado para estudar o comportamento não newtoniano das soluções de tensioactivos poliméricos. Os dados experimentais a 25 °C são ajustados e analisados com a ajuda do modelo da lei da potência, como indicado na Tabela

7.2. Os resultados do modelo indicam que o valor do índice de comportamento do fluxo (n) é inferior a 1 para todas as soluções. Por conseguinte, de acordo com o modelo da lei da potência, todas as soluções analisadas são pseudoplásticas ou de natureza de diluição por cisalhamento, em que a viscosidade diminui com o aumento da taxa de cisalhamento.

Tabela 7.2. Determinação dos parâmetros do modelo reológico utilizando o modelo da lei da potência

Solução PMES	Concentração da solução PMES							
	2500 ppm		5000 ppm		7500 ppm		10000 ppm	
	$k(pa.s)^n$	N	$k(pa.s)^n$	n	$k(pa.s)^n$	n	$k(pa.s)^n$	n
P1 (0.4:1)	0.0086	0.9867	0.0126	0.9301	0.0183	0.9022	0.0274	0.8823
P2 (0.5:1)	0.0144	0.8877	0.0127	0.9652	0.0283	0.8643	0.0468	0.7872
P3 (0.6:1)	0.0181	0.8732	0.033	0.8135	0.0508	0.7906	0.0616	0.7782
P4 (0.8:1)	0.0182	0.9855	0.0283	0.9153	0.0534	0.8064	0.0876	0.7267
P5 (1:1)	0.0244	0.8542	0.0604	0.7578	0.1080	0.6963	0.1766	0.6542

7.3.3. Efeito da adição de sal na viscosidade da solução PMES

Uma vez que na maioria dos reservatórios a água de formação é salina até certo ponto, a influência da salinidade foi investigada neste estudo através da adição de cloreto de sódio (NaCl) e cloreto de cálcio ($CaCl_2$). Com base em experiências reológicas, verificou-se que a viscosidade do tensioativo polimérico aumentava com a concentração. A análise do tensioativo polimérico P5 em diferentes concentrações permitiu um controlo da mobilidade superior ao dos tensioactivos com outras relações acrilamida-sulfonato. Os efeitos da adição de 0,5% e 1% de cloreto de sódio (NaCl) e de cloreto de cálcio ($CaCl_2$) sobre a viscosidade de uma solução de P5 a 10000 ppm foram estudados a 25 °C. Os efeitos da adição de NaCl e CaCl2 na viscosidade são apresentados na Figura 7.9 e na Figura 7.10, respetivamente.

A análise das curvas de fluxo obtidas com a adição de sal mostra um comportamento newtoniano a baixas taxas de cisalhamento. Em qualquer taxa de cisalhamento especificada, a viscosidade aparente diminuiu com o aumento da concentração de sais. A taxa crítica de cisalhamento 50 s^{-1} na qual a transição do comportamento newtoniano para o pseudoplástico permaneceu quase inalterada com o aumento da concentração de sal. A diminuição da viscosidade do tensioativo polimérico na presença de sais é principalmente atribuída à alteração da conformação das moléculas, que reduz o diâmetro hidrodinâmico e diminui o grau de emaranhamento da cadeia de moléculas (Samanta et al., 2010). Observa-se que tanto o NaCl como o CaCl2 suprimem a viscosidade da solução de polímero tensioativo. No entanto, o CaCl2 reduz a viscosidade em maior medida devido aos catiões duplamente carregados. Além disso, o Ca^{2+} pode atuar como agente de ligação cruzada para interligar as cadeias de moléculas e influenciar ainda mais a conformação e o comportamento de fluxo do tensioativo polimérico em solução aquosa. A injeção de PMES no reservatório exige uma formulação adequada do tensioativo polimérico na presença e na ausência de sais.

A baixas taxas de cisalhamento, o polímero tensioativo exibiu um comportamento newtoniano. A viscosidade no regime newtoniano é referida como viscosidade de cisalhamento zero (Lauger et al., 2000). O valor da viscosidade de cisalhamento zero é muito importante para compreender a microestrutura do tensioativo polimérico. Verificou-se que a viscosidade de cisalhamento zero diminui com o aumento da concentração de sal na solução de tensioativo polimérico. Este facto é explicado por uma alteração da conformidade das moléculas, que diminui o grau de emaranhamento ou de agregação das cadeias de moléculas.

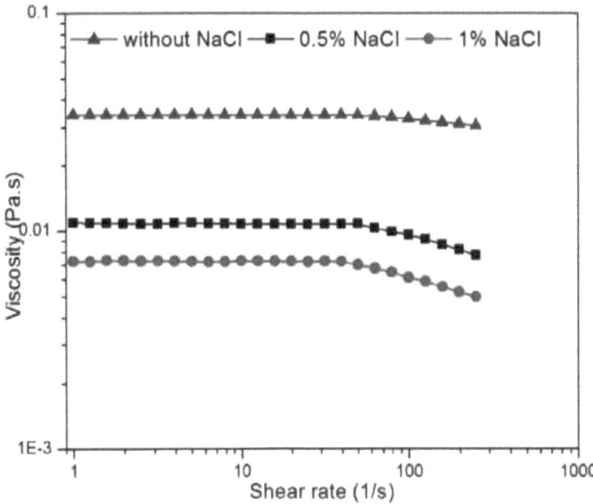

Figura 7.9. Efeito da adição de NaCl no perfil de viscosidade da solução de 10000 ppm P5 a 25 °C em concentrações variáveis

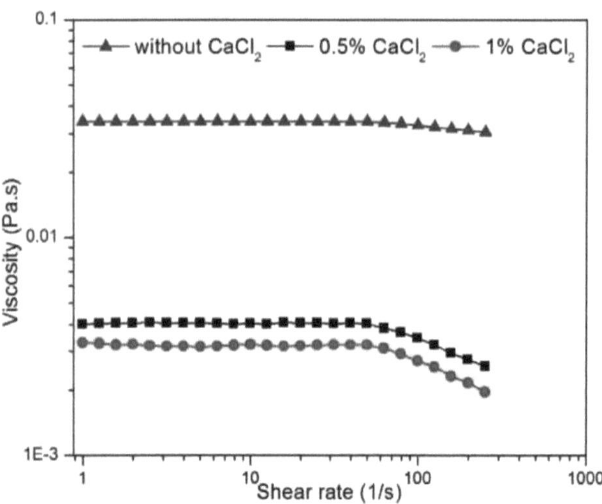

Figura 7.10. Efeito da adição de CaCl2 no perfil de viscosidade da solução de 10000 ppm P5 a 25 °C em concentrações variáveis

7.3.4. Efeito da concentração de PMES na viscoelasticidade dinâmica

A determinação do módulo dinâmico é fundamental para a determinação das características elásticas e viscosas quando submetidas a deformação. A Figura 7.11 mostra as curvas de viscoelasticidade dinâmica do PMES entre o módulo dinâmico e a frequência angular a 25 °C. As leituras de frequência angular foram variadas entre 0,1 e 150 radianos/segundo. As experiências oscilatórias foram realizadas para o tensioativo polimérico P5 (permitindo um controlo máximo da mobilidade) a concentrações de 2500 ppm, 5000 ppm, 7500 ppm e 10000 ppm.

Observou-se que o tensioativo polimérico apresenta propriedades viscoelásticas. Tanto o módulo de armazenamento G' como o módulo de perda G" aumentam com o aumento da concentração de PMES. É encontrado um ponto de cruzamento para G' e G" de cada solução de tensioativo polimérico. Este ponto de cruzamento determina a frequência específica (SF). Nos resultados experimentais ilustrados na Figura 7.11, verifica-se que o valor da frequência específica diminui com o aumento da concentração de PMES. O valor da frequência específica é fundamental para indicar o ponto de transição entre a fase elástica e a fase viscosa da amostra (Meng et al., 2008). O módulo de perda G" é maior que o módulo de armazenamento G' quando a frequência angular é menor que SF, mostrando que o componente viscoso domina as propriedades viscoelásticas das soluções de PMES. No entanto, quando a velocidade angular é superior ao valor de SF, a componente de elasticidade (componente de armazenamento) é o fator de controlo e é mais influente do que a componente viscosa das soluções de tensioactivos poliméricos.

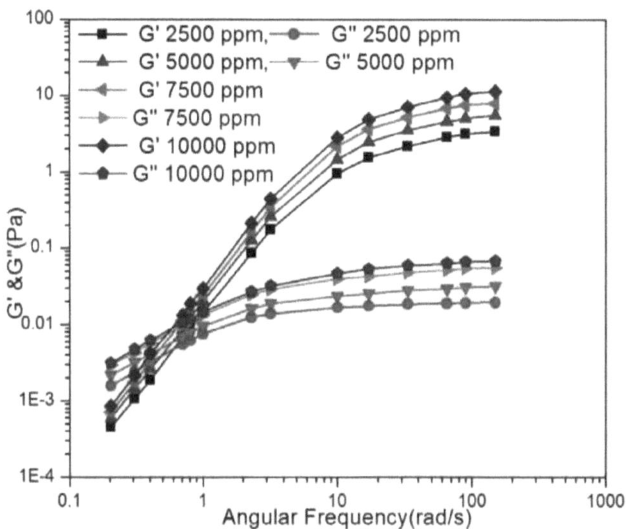

Figura 7.11. Curvas dinâmicas de viscoelasticidade mostrando o efeito da frequência angular nos módulos de armazenamento e perda para a solução P5 a 25 °C em concentrações variáveis

7.4. CONCLUSÕES

Foram efectuados estudos para compreender o comportamento reológico de um novo tensioativo polimérico, derivado da polimerização do metil éster sulfonato de sódio (PMES) obtido a partir do óleo de rícino. Verificou-se que a viscosidade do PMES aumentava com o aumento da razão acrilamida-sulfonato. O aumento da viscosidade pode ser atribuído ao aumento do volume hidrodinâmico devido ao maior peso molecular com o aumento da relação acrilamida/sulfonato. Verificou-se igualmente que a viscosidade diminui com o aumento da temperatura devido à diminuição das interacções coesivas. O aumento da concentração de tensioactivos poliméricos em solução aquosa provoca um aumento da viscosidade e da tensão de cisalhamento sob taxas de deformação variáveis. Além disso, foi observado um comportamento interessante do fluxo quando a taxa de cisalhamento foi variada para obter dados de viscosidade e tensão de cisalhamento. Observou-se que o sistema PMES apresentou um comportamento newtoniano para taxas de cisalhamento até 50 s^{-1}. Quando a taxa de deformação é aumentada para além de 50 s^{-1}, o sistema apresenta características pseudoplásticas ou de diluição por cisalhamento. Este valor de viscosidade (50 s^{-1}) é conhecido como taxa de cisalhamento crítica. O resultado que retrata o comportamento pseudoplástico dos sistemas PMES foi substanciado por dados de ambos os resultados experimentais e análise do modelo da Lei da Potência. A adição de NaCl e CaCl2 resultou na diminuição da viscosidade com o aumento da concentração de sal. A taxa de cisalhamento crítica, que mostra a transição das propriedades newtonianas para pseudoplásticas, foi observada de forma semelhante a 50 s^{-1}. Além disso, o CaCl2 reduziu a viscosidade em maior medida devido aos catiões duplamente carregados. A diminuição da viscosidade do tensioativo polimérico na presença de sais é principalmente atribuída à alteração da conformação das moléculas.

A determinação do módulo de armazenamento (G') e do módulo de perda (G") foi efectuada por análise mecânica dinâmica para explicar as propriedades viscoelásticas dos sistemas PMES em condições oscilatórias. Observou-se que tanto G' como G" aumentam com o aumento da concentração de PMES para cada amostra e se intersectam num ponto determinado pela frequência específica (SF). A identificação dos valores de SF para cada amostra de PMES significa o ponto de transição entre a fase viscosa e a fase elástica, e é, por si só, uma evidência da viscoelasticidade do sistema.

CAPÍTULO-8

ESTUDO EXPERIMENTAL SOBRE A RECUPERAÇÃO MELHORADA DE PETRÓLEO ATRAVÉS DE UM TENSIOACTIVO SINTETIZADO E DE UM TENSIOACTIVO POLIMÉRICO

Nos últimos anos, o domínio da recuperação melhorada de petróleo tornou-se mais popular devido a uma combinação do aumento do consumo mundial de energia, da estagnação da produção de petróleo e das baixas recuperações obtidas pelos métodos convencionais. A recuperação de petróleo melhorada por surfactantes é um método de produção de petróleo residual através da injeção de uma solução de surfactante/polimérico no reservatório. Este capítulo apresenta as experiências de inundação do núcleo com tensioactivos SMES e PMES, realizadas num sistema de embalagem de areia com variação da concentração de ambos os tensioactivos e do efeito da salinidade com o tempo. Os tensioactivos SMES e PMES foram utilizados para formular as balas químicas. Foi também efectuada uma comparação com a recuperação adicional de petróleo por inundação com SMES e PMES.

8.1. INTRODUÇÃO

As técnicas de recuperação primária e secundária de petróleo são responsáveis por cerca de um terço do petróleo original no local (OOIP). O resto do petróleo fica retido na rocha devido às elevadas forças capilares que impedem que o petróleo flua através da rocha e entre no furo do poço para produção. Por conseguinte, é necessário desenvolver técnicas de EOR mais eficientes, eficazes e económicas, uma vez que os métodos convencionais estão a ser melhorados. O domínio da recuperação avançada de petróleo centra-se na superação destas forças concorrentes, a fim de recuperar quantidades grandes e económicas do petróleo remanescente no local.

Quando a água ou outros fluidos são injectados sob pressão, procuram o caminho de menor resistência. Como as zonas de alta permeabilidade e as fracturas oferecem a menor resistência ao fluxo, a maior parte do fluido injetado segue este caminho. Ao fazê-lo, a maior parte do petróleo que permanece nas zonas de baixa permeabilidade é contornada. O petróleo que é deslocado das zonas de alta permeabilidade e produzido é substituído pelo fluido injetado, baixando a saturação residual de petróleo nestas regiões. À medida que a saturação de óleo diminui, a permeabilidade à água aumenta, exagerando ainda mais a desigualdade nas taxas de fluxo relativas entre as zonas de alta e baixa permeabilidade. O resultado é uma relação água/óleo cada vez maior nos poços produtores e uma baixa recuperação final de petróleo no local.

Recentemente, tem-se verificado uma tendência para continuar a produção a partir de reservatórios de petróleo bruto maduros, a maioria dos quais em produção há muitos anos, e para avaliar opções para aumentar a recuperação de petróleo (Watkins, 2009) em reservatórios esgotados. Devido ao decréscimo da produção de petróleo na maioria dos reservatórios, ao aumento geral da procura de petróleo e de produtos petrolíferos, às preocupações com o futuro das reservas de hidrocarbonetos, à quase saturação das técnicas de otimização das instalações de produção e à volatilidade dos preços do petróleo, tem-se desenvolvido um trabalho considerável no domínio das técnicas de recuperação avançada de petróleo (EOR).

Qualquer processo que envolva a injeção de fluido(s) para suplementar a energia natural do reservatório, interagindo com o sistema rocha-óleo-solução salina para criar condições favoráveis à recuperação máxima de petróleo, é conhecido como um processo de recuperação melhorada de petróleo (EOR) (Willhite et al., 1998). Estas interacções favoráveis para maximizar a recuperação de petróleo podem ser o inchamento do óleo, a redução da tensão interfacial, a modificação da molhabilidade da rocha, a redução da viscosidade do óleo e o comportamento favorável das fases. A produção de petróleo através de técnicas de EOR tem ganho atenção na indústria petrolífera devido ao seu elevado potencial de recuperação de grandes quantidades de petróleo em comparação com os métodos de produção convencionais (Austad et. al., 1994).

A aplicação de surfactantes EOR melhora a recuperação de petróleo residual de depósitos conhecidos, utilizando um agente tensioativo para reduzir a tensão interfacial (IFT) e mobilizar o petróleo residual. São utilizados quatro mecanismos principais para melhorar a recuperação de petróleo com a ajuda de aditivos tensioactivos: (1) a geração de uma IFT muito baixa ($<10^3$ mN/m) entre o petróleo e a solução de inundação de água, (2) a emulsificação espontânea ou microemulsificação do petróleo retido, (3) a redução das propriedades reológicas interfaciais na interface óleo-solução aquosa, e (4) o controlo da molhabilidade dos poros da rocha para otimizar a deslocação do petróleo (Drew, 2006).

A inundação de água é o método de recuperação de petróleo melhorado mais amplamente utilizado, tanto em terra como em regiões offshore. No entanto, quando a saturação da água aumenta, o petróleo fica retido devido a forças capilares que fazem com que a água se acumule nas gargantas dos poros, bloqueando assim o movimento do petróleo. Como resultado, a produção diminui à medida que mais petróleo fica retido. Por outro lado, os tensioactivos são eficazes na redução destas forças capilares, diminuindo a tensão interfacial e alterando favoravelmente a molhabilidade. No entanto, a principal desvantagem da inundação com tensioactivos é o custo associado à utilização de grandes quantidades de tensioactivos devido à sua adsorção na rocha. A recuperação de petróleo é geralmente ineficaz quando a mobilidade do petróleo in situ que está a ser recuperado é significativamente inferior à do fluido de acionamento utilizado para deslocar o petróleo. A mobilidade de uma fase fluida numa formação é definida pelo rácio entre a permeabilidade relativa do fluido e a sua viscosidade. Por exemplo, quando a inundação de água é aplicada para deslocar petróleo pesado muito viscoso da formação, o processo é muito ineficiente porque a mobilidade do petróleo é muito menor do que a mobilidade da água. A água canaliza rapidamente através da formação para o poço produtor, contornando a maior parte do petróleo e deixando-o por recuperar.

Os processos de inundação por polímero surfactante (SP) envolvem a injeção de um slug de polímero surfactante seguido de uma solução tampão e injeção de água de perseguição. Se concebido corretamente, o surfactante aumenta o número capilar, o que é crucial para a mobilização e recuperação do petróleo terciário. O polímero aumenta a eficiência da varredura ao diminuir o rácio de mobilidade. Se for gerado surfactante suficiente *in situ* pela reação destes componentes com o álcali injetado, adicionando assim mais surfactante à inundação (Lake, 1989)

O tensioativo/ tensioativo polimérico necessário para obter um bom comportamento de fase e um IFT ultra-baixo varia muito com as características do petróleo e as condições do reservatório (Sriram et. al., 2012). O IFT baixo pode ser obtido com uma grande variedade de tensioactivos, mas o melhor tensioativo depende das condições do petróleo bruto e do reservatório e deve também satisfazer vários outros requisitos rigorosos (Aoudia et. al., 1995). Quando a água é injectada nos reservatórios durante o período de produção secundária, as forças capilares tornam-se gradualmente maiores em comparação com as forças viscosas.

As técnicas de recuperação primária e secundária recuperam normalmente cerca de um terço do petróleo original no local (OOIP) devido às elevadas forças capilares que retêm o petróleo nos meios porosos. As forças capilares resultam da tensão interfacial entre as fases de óleo e água que resistem a forças viscosas aplicadas externamente, como a injeção de água. Os primeiros esforços de recuperação melhorada de petróleo procuraram deslocar este petróleo diminuindo a IFT óleo-água. Embora muitas técnicas tenham sido propostas e testadas no terreno, a técnica de EOR predominante para obter um IFT baixo é a inundação com surfactantes (Zhang et al., 2007).

Neste estudo, a EOR com surfactantes, um dos processos químicos de EOR, foi investigada. Para o efeito, foram realizadas experiências de inundação de núcleos em sistemas de areia para determinar a recuperação de petróleo por inundação de surfactantes e de surfactantes poliméricos.

8.2. SECÇÃO EXPERIMENTAL

8.2.1. Materiais utilizados

O metil éster sulfonato de sódio (SMES) e o metil éster sulfonato polimérico (PMES) sintetizados foram utilizados em diferentes concentrações para experiências de inundação química. O cloreto de sódio (NaCl) foi utilizado para a preparação de diferentes concentrações de salmoura e foi fornecido pela Qualigens Fine Chemical, Índia. Estes produtos químicos são 99% puros na natureza. A amostra de petróleo bruto recolhida no campo petrolífero de Ahmadabad, na Índia, foi utilizada na experiência. A água bidestilada foi utilizada como solvente para a preparação das soluções.

8.2.2. Aparelhos e metodologia

8.2.2.1. Aparelho para inundação química

Os testes de inundação de sacos de areia foram utilizados para avaliar a eficácia do tensioativo sintetizado (SMES) e do tensioativo polimérico (PMES) para melhorar a recuperação de petróleo. A configuração experimental da inundação do núcleo em laboratório para determinar a recuperação global através da aplicação do tensioativo SMES e PMES é apresentada na Figura 8.1. É constituída por quatro componentes, *nomeadamente* um suporte de núcleo, uma bomba de deslocamento (Teledyne Isco), um cilindro de solução química e um coletor de fracções. A Figura 8.2 apresenta um esquema da instalação experimental. De acordo com o modelo de empacotamento homogéneo de areia, a geometria foi escolhida como L = 43 cm e r = 3 cm. O suporte do núcleo foi firmemente empacotado com areias uniformes (60-100 mesh) e saturado com 1,0 wt% de salmoura. Foi inundado com a salmoura a 25 psig e a permeabilidade absoluta foi calculada a partir do caudal e da queda de pressão através do pacote de areia. O pacote de areia foi então inundado com o petróleo bruto a 800 psig até à saturação irredutível de água. A saturação inicial de água foi determinada com base no balanço de massa. O petróleo bruto utilizado nas experiências de inundação foi recolhido no campo petrolífero de Ahmedabad (Índia). O petróleo tem um índice de acidez total de 0,038 mg KOH/g, uma gravidade de 38,86 °API e uma viscosidade de 11,9 mPa.s a 30 °C. A inundação de água foi conduzida colocando o suporte do núcleo horizontalmente a uma pressão de injeção constante de 200 psig. Após a inundação de água, quando o corte de água atingiu mais de 95%, foi injetado cerca de 0,5 volume de poros (PV) de um projétil de tensioativo polimérico, seguido de uma inundação de água. As experiências foram repetidas utilizando diferentes concentrações de soluções de slug. As recuperações adicionais foram calculadas por balanço material.

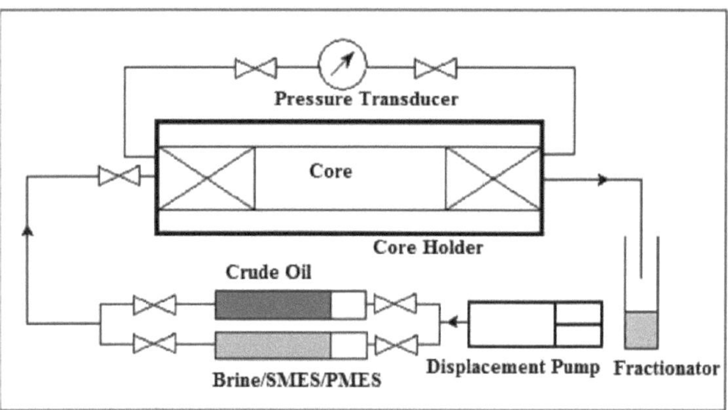

Figura 8.1. Representação esquemática da instalação experimental de inundação química por soluções SMES e PMES no sistema sandpack

118

Figura 8.2. Fotografia da instalação experimental de inundação do núcleo no laboratório

8.2.2.2. Método de inundação química

Os ensaios de inundação de sacos de areia foram utilizados para avaliar a eficácia da inundação de surfactantes (SMES) e de surfactantes poliméricos (PMES). Um conjunto de suporte de núcleo foi montado verticalmente num vibrador. Para um sistema uniforme de sacos de areia, foi deitada areia de 50-60 malhas no suporte do núcleo e enchida com as salmouras correspondentes para as diferentes experiências de inundação. O suporte do núcleo foi totalmente preenchido de cada vez e foi vibrado durante uma hora. O saco de areia húmido foi inundado com óleo pesado até a produção de água cessar (o corte de água foi considerado inferior a 1%). A saturação inicial de água foi determinada com base no balanço de massa. O saco de areia húmido foi inundado com o petróleo bruto a 400 psig até à saturação irredutível de água. A inundação de água foi conduzida num suporte de pacotes de areia montado horizontalmente a um caudal de injeção constante. O mesmo caudal de injeção foi utilizado para todos os testes de deslocamento deste estudo. Após a inundação de água, quando o corte de água atingiu 95%, foi injetado ~1,0 volume de poros (PV) de surfactante/solução de surfactante polimérico, seguido de ~0,5 PV de injeção de água como inundação de água de perseguição. Foram seguidos os mesmos métodos para diferentes sistemas de tensioactivos/ tensioactivos poliméricos a várias salinidades. O diagrama de fluxo da inundação química por SMES e PMES é apresentado na Figura 8.3.

A permeabilidade efectiva ao óleo (k_o) e a permeabilidade efectiva à água (k_w) foram medidas à saturação de água irredutível (S_{wi}) e à saturação de óleo residual (S_{or}), respetivamente, utilizando a equação da lei de Darcy. A permeabilidade dos pacotes de areia foi avaliada utilizando a equação de Darcy, Equação (8.1), utilizada com o fluxo de fluidos em materiais porosos. Para um sistema linear horizontal, o caudal está relacionado com a permeabilidade da seguinte forma:

$$q = \frac{kA}{\mu}\frac{dp}{dx} \tag{8.1}$$

em que, q é o caudal volumétrico (cm^3 /seg.), A é a área total da secção transversal do pacote de areia (cm^2), µ é a viscosidade do fluido (cP), $\dfrac{dp}{dx}$ é o gradiente de pressão (atm/cm) e k é a permeabilidade (Darcy).

O teor inicial de óleo, o fator de recuperação de óleo dos métodos EOR secundário e terciário e a saturação de óleo residual foram calculados por balanço de materiais durante as experiências de inundação. O fator de recuperação foi obtido através da soma das quantidades de óleo recuperadas em cada etapa (processos de deslocamento de óleo secundário e terciário) e é expresso em termos de percentagem (%).

$$RF_{Total} = RF_{SM} + RF_{TM} \tag{8.2}$$

em que, RF_{Total} = Fator de recuperação total (%), RF_{SM} = Fator de recuperação obtido por método secundário (%), RF_{TM} = Fator de recuperação obtido por método terciário (%).

INUNDAÇÃO DE TENSIOACTIVOS/ TENSIOACTIVOS POLIMÉRICOS

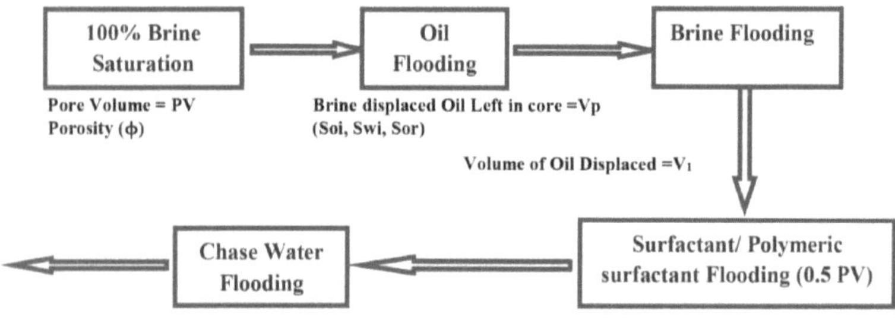

Figura 8.3. Diagrama de fluxo da inundação química por SMES e PMES

8.2.2.3. Mecanismo de inundação química

Na inundação por SMES e PMES, o reservatório é inundado com água contendo uma pequena percentagem de SMES e PMES e outros aditivos como hidrocarbonetos, álcool de cadeia média, salmoura, etc. A utilização de soluções de tensioactivos e de tensioactivos poliméricos é fundamental para mobilizar o petróleo e permitir a sua saída dos poros da rocha. De um modo geral, sempre que uma inundação por água tenha sido bem sucedida, a inundação química será aplicável; enquanto que, em muitos casos em que a inundação falhou devido às suas fracas relações de mobilidade, a inundação química utilizando uma solução tensioactiva pode ainda ser bem sucedida, principalmente devido ao controlo da mobilidade necessário. A Figura 8.4 apresenta um diagrama esquemático da inundação com tensioactivos. A inundação é implementada como um processo de deslocamento terciário perto do final de uma inundação de água. A figura 8.4 mostra um processo terciário em que existe uma

120

saturação de óleo residual. Um volume específico de surfactante (0,5-1,0 PV) é injetado no processo de inundação. A solução micelar tem um IFT muito baixo com o óleo residual e mobiliza o óleo retido, formando um banco de óleo à frente da cápsula. O slug tem um IFT muito baixo com a salmoura e, portanto, desloca a salmoura e o óleo. Tanto o óleo como a água fluem para o banco de óleo. A água espessada ou o tampão de mobilidade consiste numa solução de surfactante em água. A solução micelar deve ser concebida de modo a que exista um rácio de mobilidade favorável entre a cápsula micelar e o banco de óleo. A viscosidade da solução micelar é ajustada para atingir este objetivo. O polímero é frequentemente adicionado à solução micelar para aumentar a sua viscosidade aparente. Assim, o processo tem o potencial de aumentar tanto a eficiência da varredura volumétrica como a eficiência do deslocamento microscópico. Em alguns casos, é injectada uma pré-lavagem antes da solução micelar para ajustar a salinidade ou o pH da salmoura.

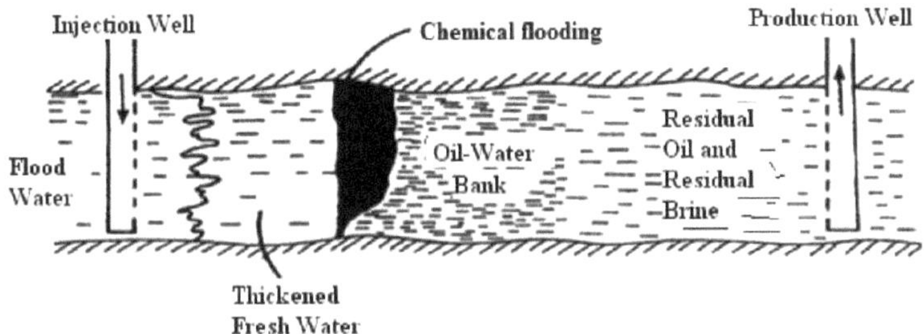

Figura 8.4. Vista bidimensional do processo de inundação química

8.3. Caracterização do petróleo bruto

A amostra de crude utilizada para este trabalho foi caracterizada através da medição da sua densidade, gravidade API e número de acidez total. A densidade do petróleo bruto foi determinada por picnómetro e, a partir dos dados da densidade, foi calculada a gravidade API. As propriedades físico-químicas do petróleo bruto estão listadas na Tabela 8.1. A análise FTIR do petróleo bruto também foi efectuada para determinar os grupos funcionais presentes. O FTIR do petróleo bruto foi analisado utilizando o método do kit de óleo KBr.

Tabela 8.1. Propriedades físico-químicas do petróleo bruto

Teor de asfalteno (% em peso)	4.0
Viscosidade a 30°C (mPa.s)	11.9
Densidade a 30°C (kg/m $)^3$	833.49
°API gravidade	38.86
Índice de acidez total (mg KOH/gm)	0.038
Ponto de fluidez (°C)	36
Teor de água (% em peso)	5.0
Cor	Preto acastanhado

8.4. RESULTADOS E DISCUSSÃO

8.4.1. FTIR de petróleo bruto

Os grupos químicos presentes no petróleo bruto foram determinados por espectros FTIR. Os espectros FTIR do petróleo bruto utilizado no presente estudo foram registados entre 4000 e 400 cm^{-1} . No espetro FTIR, certos grupos de ligações químicas dão origem a bandas na mesma frequência ou perto dela, independentemente da estrutura do resto da molécula. As bandas de absorção das ligações C-H alifáticas, com bandas adicionais provenientes de grupos que contêm aromáticos, oxigénio, enxofre e azoto, dominam normalmente os espectros dos óleos brutos (Aske et al., 2001; Douda et al., 2008). Um espetro FTIR típico do petróleo bruto em estudo é apresentado na Figura 8.5. Os grupos funcionais proeminentes presentes no óleo são apresentados na Tabela 8.2. Os principais grupos funcionais identificados nos espectros de FTIR do óleo incluem o estiramento C-H do saturado (2923 e 2852 cm^{-1}), a deformação C-H do saturado (1460 cm^{-1}) e a deformação simétrica C-H do saturado (1376 cm^{-1}). O pico a 722 cm^{-1} indica a presença de grupos alquilo de cadeia longa, (CH2) n, com n > 4, nos saturados. A região entre 1720 e 1680 cm^{-1} corresponde a grupos carbonilo, *ou seja,* ácidos carboxílicos. A absorção a 1714 cm^{-1} é devida à vibração do grupo ácido carboxílico presente no petróleo bruto. A absorção na gama de números de onda de 3700-3100 cm^{-1} deve-se à presença de uma pequena quantidade de grupos funcionais fenólicos (Yen et al., 1984). Existem bandas fracas a 1590-1470 cm^{-1} devido à presença de estiramento do anel C=C. A presença de grupos ácidos no petróleo bruto foi identificada pela análise FTIR do petróleo bruto. Este facto também é apoiado pelo número de acidez total (0,038 mg de KOH/g) do petróleo bruto.

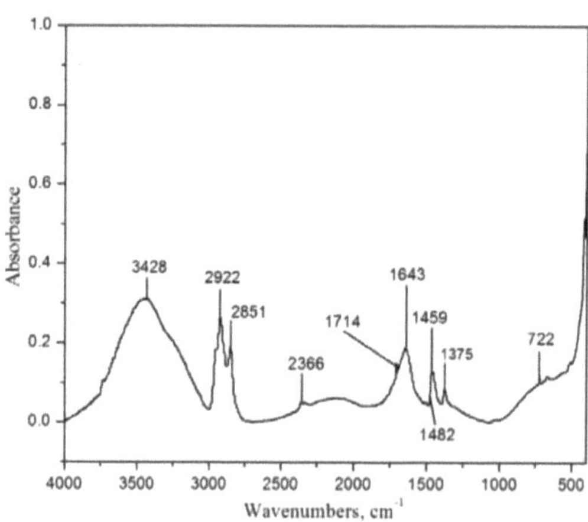

Figura 8.5. Espectros FTIR do petróleo bruto utilizado neste estudo

Tabela 8.2. Grupos funcionais presentes nos espectros de IV do petróleo bruto

Números de onda (cm)$^{-1}$	Modo de vibração	Grupo funcional
2852-2851	estiramento C-H	-CH2 e CH3 do saturado

2923-2922	estiramento C-H	-CH2 e CH3 do saturado
1460	Deformação C-H	-CH2 e CH3 do saturado
1376	C-Hsimétrico deformação	-CH2 do saturado
1720-1680	estiramento C=O	-C=O de carbonilo/carboxílico
3700-3100	estiramento O-H	-OH de grupos fenólicos
1590-1470	estiramento do anel C=C	-C=C de aromáticos
722	Flexão C-H	-C-H do benzeno substituído

8.4.2. Recuperação de petróleo por inundação de tensioactivos SMES

Para determinar os efeitos da concentração de tensioativo na recuperação adicional de petróleo, foram realizados três conjuntos de inundações de sacos de areia (Amostras S1, S2 e S3) utilizando diferentes concentrações de tensioativo, viz., 0,5, 0,6 e 0,7 em massa%. As concentrações do tensioativo foram mantidas acima da CMC, tendo em conta a perda de tensioativo por adsorção durante a inundação. Os slugs de surfactante foram injectados quando o corte de água atingiu ~95% durante a inundação de água. A recuperação de óleo em função do volume de poros injetado de projécteis de surfactante está representada na Figura 8.6. A recuperação de SMES por inundação de água está representada na Figura 8.7. A utilização do tensioativo SMES mostra uma recuperação adicional significativa após a inundação com água devido à redução da tensão interfacial entre o óleo e o fluido de deslocação e à consequente formação de um banco de óleo. A recuperação adicional após a inundação de água aumenta com o aumento da concentração do tensioativo. As recuperações adicionais por inundação de surfactante em relação à inundação de água convencional estão resumidas na Tabela 8.3. As recuperações adicionais após a inundação com o tensioativo SMES foram de 24,53%, 26,04% e 27,31% para 0,5, 0,6 e 0,7 em massa de soluções de tensioativo SMES, respetivamente. As saturações de óleo residual foram calculadas por balanço material.

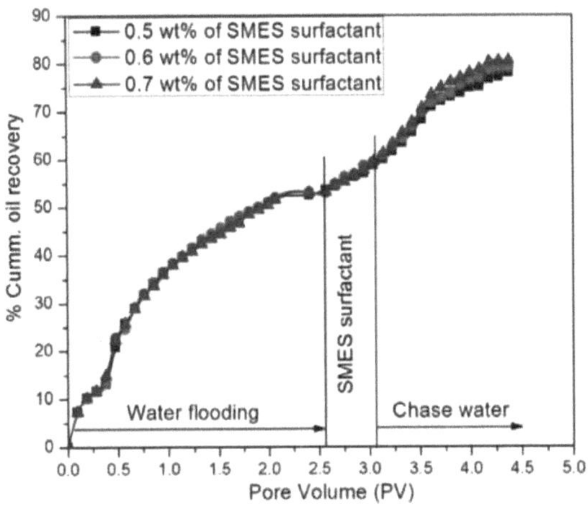

Figura 8.6. Desempenho da produção de inundação de surfactante SMES

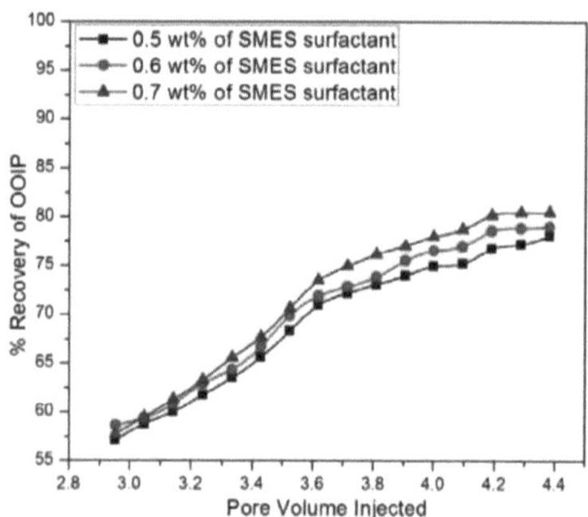

Figura 8.7. Comparação da recuperação de óleo melhorada de SMES por inundação de água de perseguição com três concentrações diferentes

Tabela 8.3. Recuperação de petróleo por inundação com tensioativo SMES para três sistemas diferentes

Amostra de areia n.º.	Porosidade (%)	Permeabilidade, k (Darcy)		Conceção de um projetor químico para inundação	Recuperação de óleo após inundação de água a 95% de corte de água (%OOIP)	Recuperação adicional (%OOIP)	% de saturação		
		$k_w(S_w=1)$	k_0 (S_{wi})				Swi	Soi	Sor
S1	8.63	1.27	0.52	0,5 PV 0,5 massa % SMES + Água de perseguição	53.59	24.53	24.28	75.72	16.57
S2	8.52	1.23	0.50	0,5 PV 0,6 massa % SMES + Água de perseguição	53.55	26.04	23.93	76.07	15.52
S3	8.78	0.52	0.52	0,5 PV 0,7 massa % SMES + água de Chase	52.53	27.31	23.78	76.22	15.04

8.4.3. Recuperação de petróleo por inundação de solução de surfactante polimérico (PMES)

Para determinar os efeitos da concentração de tensioativo polimérico na recuperação adicional de petróleo, foram realizados três conjuntos de inundações de sacos de areia (Amostra S1, S2 e S3) utilizando tensioativo polimérico (P5) de diferentes concentrações, viz. 0,5, 0,6 e 0,7 em massa%. As concentrações do tensioativo polimérico foram mantidas acima da CMC tendo em conta a perda de tensioativo por adsorção durante a inundação. Os slugs de tensioativo polimérico foram injectados quando o corte de água atingiu ~95% durante a inundação de água. As recuperações de petróleo e o corte de água em função do volume de poros injetado de fluidos de deslocamento foram representados na Figura 8.8. A utilização de um tensioativo polimérico mostra uma recuperação adicional significativa após a inundação com água devido à redução da tensão interfacial entre o óleo e o tensioativo injetado, ao aumento da razão de mobilidade e à consequente formação de um banco de óleo. A recuperação adicional após a inundação de água aumenta com o aumento da concentração do tensioativo polimérico. À medida que a solução de tensioativo polimérico é injectada, observou-se uma queda súbita no corte de água devido à diminuição da permeabilidade relativa à água e o corte de água aproximou-se então de 100% durante a inundação de água de perseguição. O efeito da concentração de PMES na recuperação melhorada de petróleo foi mostrado na Figura 8.9. As recuperações adicionais em relação à inundação de água convencional, juntamente com outras propriedades petrofísicas, foram resumidas na Tabela 8.4. As recuperações adicionais na inundação de tensioactivos poliméricos foram encontradas em cerca de 26,5%, 27,8% e 29,1% para 0,5, 0,6 e 0,7 % em massa de soluções de tensioactivos poliméricos, respetivamente. As saturações de óleo residual foram calculadas através da equação do balanço material.

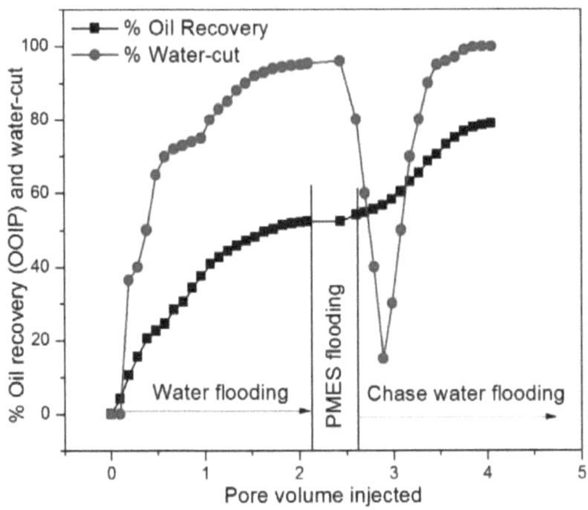

Figura 8.8. Variação da recuperação de óleo e do corte de água com o volume de poros injectados para a inundação PMES (P5)

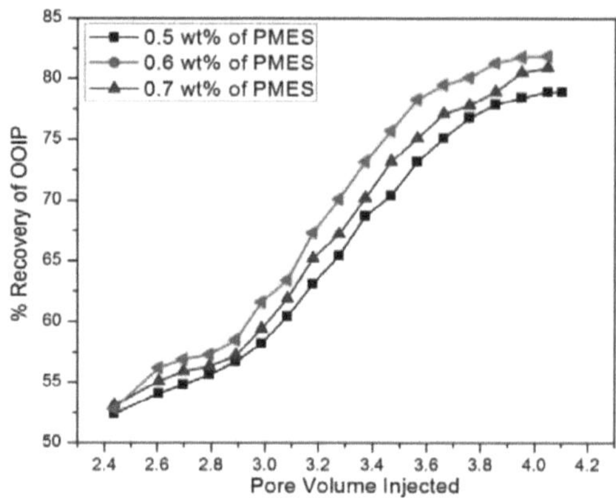

Figura 8.9. Comparação da recuperação de óleo melhorada da inundação de PMES (P5) com três concentrações diferentes

Tabela 8.4. Recuperação de óleo por inundação com tensioativo PMES (P5) para três sistemas diferentes

N.º da amostra Sandpac k	Porosidade (%)	Permeabilidade, k (Darcy)		Conceção de um projetor químico para inundação	Recuperação de óleo após inundação de água	Recuperação adicional (%OOI P)	% de saturação		
		$k_w(S_w=1)$	$k_c(S_{wi})$				S_{wi}	S_{oi}	S_{or}
S1	8.523	1.26	0.54	0,5 PV 0,5 massa % PMES + água de Chase	52.4	26.5	21.68	78.32	15.92
S2	8.528	1.27	0.55	0,5 PV 0,6 massa % PMES + água de Chase	53.1	27.8	21.19	78.81	15.05
S3	8.784	1.29	0.57	0,5 PV 0,7 massa % PMES + água de Chase	52.8	29.1	21.00	79.00	14.30

8.5. CONCLUSÕES

No presente estudo, o sulfonato de éster metílico polimérico foi sintetizado a partir de SMES para a sua utilização como surfactante e polímero na recuperação química de petróleo. A natureza ácida do petróleo bruto foi confirmada a partir do estudo FTIR, bem como o número de ácido do petróleo bruto. A eficácia dos sistemas químicos na recuperação melhorada de petróleo foi testada com diferentes conjuntos de experiências de inundação efectuadas nos sistemas de embalagem de areia. As experiências de inundação do núcleo mostraram 24,53%, 26,04% e 27,31% de recuperação adicional de petróleo bruto para 0,5, 0,6 e 0,7% em massa de soluções de tensioactivos SMES, respetivamente, após a inundação convencional de água. A favor dos tensioactivos poliméricos, as experiências de inundação do núcleo registaram 26,5%, 27,8% e 29,1% de recuperação adicional de petróleo bruto para 0,5, 0,6 e 0,7 massa% de soluções de tensioactivos PMES, respetivamente, do óleo original no local em relação à inundação de água convencional.

126

Vários mecanismos, tais como a redução da tensão interfacial, a alternância da molhabilidade através da medição do ângulo de contacto, a melhoria da viscosidade, etc., são responsáveis pela melhoria da recuperação de petróleo. O tensioativo SMES e o tensioativo polimérico sintetizados são de baixo custo de produção e não prejudicam o ambiente, pelo que têm um potencial extraordinário para a recuperação química de petróleo.

CAPÍTULO- 9

RESUMO E CONCLUSÕES

Este capítulo da tese apresenta o resumo e as conclusões que podem ser retiradas do trabalho efectuado. Para além disso, são também sugeridas recomendações para trabalhos futuros.

9.1. Resumo dos resultados e conclusões

No presente estudo, o metil éster sulfonato de sódio (SMES) e o metil éster sulfonato polimérico (PMES) foram sintetizados a partir de óleo de rícino não comestível para sua utilização na recuperação avançada de petróleo. O óleo de rícino é uma matéria-prima barata, natural e renovável. O éster metílico sulfonato de sódio foi preparado através da reação de RAME com ácido clorossulfónico. A polimerização foi realizada utilizando o metil éster sulfonato de sódio (SMES) como surfactante, a acrilamida como monómero (AAM) e o persulfato de potássio (KPS) como iniciador. As composições do surfactante polimérico foram tomadas em diferentes proporções de peso de SMES: AAM (1:0,4, 1:0,5, 1:0,6, 1:0,8 e 1:1).

A caraterização de SMES e PMES foi efectuada por FTIR, EDX, FE-SEM, DLS, TGA e análise de condutividade. A análise de ligação por FTIR é o principal parâmetro que demonstra diferentes ligações químicas na superfície para identificar os tipos químicos adsorvidos. Os espectros de FTIR confirmaram o grupo sulfonato (S=O) a 1158 cm^{-1}, o que indica que este composto deve ser sulfonato de éster metílico de sódio. Os dados do espetro FTIR do éster metílico polimérico (PMES) sugerem a presença de vibração de estiramento do grupo sulfonato e amida, o que é evidente pelos picos fortes a 1413 cm^{-1} e 1670 cm^{-1}. Isto mostra uma prova conclusiva de que este composto deve ser sulfonato de éster metílico polimérico. A natureza ácida do petróleo bruto foi confirmada pelo estudo FTIR, bem como pelo número de acidez do petróleo bruto. A morfologia da superfície do SMES e do tensioativo polimérico mostrou uma forma esférica alongada, o que sugere que o aquecimento a temperaturas mais elevadas pode levar à formação de uma estrutura alongada.

A presença de carbono (C), sódio (Na), oxigénio (O), azoto (N), cloreto (Cl) e enxofre (S) no surfactante polimérico é confirmada por análise EDX. O metil éster sulfonato de sódio (SMES) é termicamente estável sob a temperatura desejada do reservatório para a aplicação de recuperação avançada de petróleo. Como a temperatura do reservatório utilizada neste estudo é de 90 °C, todos os tensioactivos poliméricos retêm uma média de 95% da sua estrutura e massa originais. Além disso, o éster metílico sulfonado polimérico mostrou uma boa estabilidade térmica à temperatura do reservatório, onde apenas se observou uma perda de massa de 11,1% (média).

Além disso, um exame cuidadoso do perfil de distribuição do tamanho das partículas do tensioativo polimérico revelou que o diâmetro hidrodinâmico aumenta geralmente com o aumento da concentração de PMES devido à agregação das moléculas. Com o aumento da adição de sal (concentração), o diâmetro hidrodinâmico diminui geralmente, uma vez que as micelas podem desagregar-se em tamanhos mais pequenos e podem mesmo fragmentar-se em cadeias poliméricas. Isto pode dever-se ao enrolamento dos tensioactivos em soluções salinas aquosas, alterando assim o tamanho das partículas. Consequentemente, o tamanho das micelas torna-se mais pequeno. Este conhecimento é particularmente importante para correlacionar dados para reduzir a tensão superficial e a tensão interfacial, com o objetivo de melhorar a recuperação química do petróleo.

Verificou-se que a condutividade da microemulsão aumenta com o aumento da concentração do tensioativo devido à agregação dos iões Na^+. Os estudos de DLS da solução aquosa do tensioativo SMES acima da CMC mostram que o tamanho das micelas aumenta com o aumento da concentração do tensioativo SMES.

Foi estudada a redução da tensão superficial numa solução aquosa do tensioativo sintetizado. O gráfico da tensão superficial a várias concentrações de solução de tensioativo SMES mostra uma redução da tensão superficial da solução de tensioativo SMES para 38,4 mN/m e 27,6 mN/m sem e com NaCl, respetivamente, no valor CMC. No diagrama de fases pseudoternário do sistema óleo, co-surfactante/surfactante e água, foram identificadas três fases diferentes. Uma grande área de microemulsão de óleo em água (Winsor I) formada pelo tensioativo é uma indicação importante da utilização do tensioativo para a inundação de microemulsões na recuperação melhorada de petróleo.

Foram efectuados estudos para compreender a redução da tensão interfacial entre o petróleo bruto e a água na presença de um tensioativo sintetizado e de um tensioativo polimérico. O SMES e o PMES são capazes de reduzir a tensão interfacial até 10^{-2} a 10^{-3} mN/m numa concentração adequada. Foi interessante verificar que a proporção (1:0,5) de acrilamida para sulfonato para uma solução de 5000 ppm apresentou a tensão interfacial mais baixa. Os dados interfaciais foram obtidos para comparar os resultados e os efeitos correspondentes tanto do SMES como do polímero metil éster sulfonato (PMES). Observou-se que a IFT diminui inicialmente com a concentração de SMES e PMES. No entanto, após um determinado limite, o valor do IFT aumenta ligeiramente ou mantém-se constante. Este valor é designado por "Concentração Micelar Crítica (CMC)". Nas medições de dados IFT para o SMES, o valor da CMC foi de 6000 ppm e o valor da tensão interfacial mínima correspondente foi de $3,44 \times 10^{-2}$ mN/m. Além disso, no caso dos tensioactivos poliméricos em soluções aquosas, os valores mínimos de IFT para P1, P2, P3, P4 e P5 foram de $8,54 \times 10^{-2}$, $3,52 \times 10^{-2}$, $4,93 \times 10^{-2}$, $6,12 \times 10^{-2}$ e $6,47 \times 10^{-2}$ mN/m a valores de CMC de 5000 ppm cada, respetivamente. Verificou-se que o IFT diminui drasticamente com a adição de sal. A 25 °C, com o aumento da concentração de NaCl nas soluções SMES e PMES, a tensão interfacial diminui inicialmente e depois aumenta numa determinada concentração de sal NaCl. Isto é referido como salinidade óptima. Para além da salinidade óptima, a adição adicional de sal não tem efeitos ou tem efeitos prejudiciais na atividade interfacial. O valor mais baixo obtido de IFT para a solução SMES foi de $1,97 \times 10^{-3}$ mN/m a uma salinidade óptima de 3% de NaCl.

A mistura de sal e tensioativo numa concentração óptima pode ser utilizada como agente de inundação promissor para uma melhor recuperação de petróleo. O efeito combinado do sal e do tensioativo em sistemas de petróleo bruto/água é frequentemente referido como o efeito sinérgico da mistura sal-surfactante na IFT. A tensão interfacial diminuiu inicialmente com o aumento da concentração de sal e depois aumentou ligeiramente para o tensioativo polimérico P2 (relação acrilamida-sulfonato 1:1) a 5000 ppm a 25 °C. A salinidade óptima foi medida a 4 (massa%) com um valor de tensão interfacial de $4,32 \times 10^{-3}$ mN/m. A mistura salina de tensioactivos poliméricos mais eficaz em termos de tensão interfacial foi obtida a 5000 ppm com um teor de NaCl de 4%. O P2 (relação acrilamida-surfactante 0,5:1) é mais eficaz do que outros tensioactivos poliméricos para baixar a IFT para um valor ultra-baixo do que os tensioactivos poliméricos em condições combinadas de CMC e salinidade óptima.

Os estudos do ângulo de contacto de SMES e PMES na superfície de quartzo foram estudados para compreender as suas propriedades de molhabilidade. A acumulação de agentes activos de superfície produzidos a partir de petróleo bruto desempenha um papel vital na alteração da molhabilidade da superfície sólida de quartzo. Com o decorrer do tempo, o ângulo de contacto diminui em ambos os tensioactivos e, após algum tempo, passa a ser inferior a 10°. Os resultados experimentais mostraram que tanto o SMES como o PMES são candidatos potenciais para alterar o estado inicial húmido de óleo da superfície de quartzo para húmido de água. O ângulo de contacto inicial do PMES é mais elevado devido à natureza da solução viscosa da amostra. Como o PMES é viscoso por natureza, a formação de uma película fina na superfície do quartzo é estável, o que ajuda a oferecer um ângulo de contacto mais elevado no início. Por conseguinte, o surfactante polimérico sintetizado (PMES) é muito eficaz na recuperação química de petróleo. A presença de sais na fase aquosa tem uma forte capacidade de aumentar a acumulação das espécies tensioactivas; estas estão disponíveis no petróleo bruto, na interface entre o petróleo bruto e a fase aquosa, apresentando assim boas propriedades tensioactivas.

Foi feito um estudo exaustivo do comportamento reológico (fluxo) dos tensioactivos poliméricos para determinar formulações/misturas adequadas para um melhor controlo da mobilidade. A partir da dependência das viscosidades em relação à temperatura, é evidente que, para várias proporções de soluções de PMES examinadas, as viscosidades diminuem com o aumento da temperatura, como esperado. Isto deve-se ao facto de as forças de coesão entre as moléculas diminuírem como efeito do aumento das velocidades das moléculas individuais. Verificou-se que, com o aumento da temperatura, a solução P5, com uma relação acrilamida-sulfonato de 1:1, apresenta viscosidades mais elevadas do que as outras soluções, devido ao maior comprimento da cadeia do polímero de acrilamida. Verificou-se que a viscosidade aumenta com a concentração do tensioativo polimérico. Observou-se que P5 registou uma viscosidade mais elevada do que as outras soluções a baixas taxas de cisalhamento. Esperava-se que a tensão de cisalhamento aumentasse com a concentração. Além disso, verificou-se que as viscosidades das soluções aumentavam com o aumento da relação acrilamida-sulfonato. O aumento da viscosidade pode ser atribuído ao aumento do seu volume hidrodinâmico, que tem o duplo efeito de bloquear o movimento das moléculas de solvente e retardar o seu movimento ligando-se a elas. Curiosamente, observou-se que o tensioativo polimérico apresentava um comportamento de fluxo duplo a diferentes taxas de deformação. A partir dos resultados experimentais, observou-se que todas as soluções seguem um comportamento newtoniano até uma taxa de cisalhamento (ou taxa de deformação) de 50 s^{-1} . Este valor da taxa de cisalhamento (50 s^{-1}), que marca a transição do comportamento newtoniano para o comportamento não newtoniano, é referido como a taxa de cisalhamento crítica. Para além de 50 s^{-1} , verificou-se que as soluções exibem características pseudoplásticas ou de diluição por cisalhamento. A redução da viscosidade com a taxa de cisalhamento está principalmente relacionada com a orientação das macromoléculas ao longo da linha de fluxo e com o desemaranhamento das macromoléculas com o aumento da força de cisalhamento. O comportamento de diluição por cisalhamento dos tensioactivos poliméricos a taxas de cisalhamento elevadas pode revelar-se favorável durante o processo de injeção, devido à diminuição da viscosidade a taxas de cisalhamento mais elevadas, aumentando a injetividade. Além disso, são desejáveis valores de viscosidade elevados e consistentes quando o tensioativo polimérico se desloca para o interior do reservatório a baixas taxas de cisalhamento, melhorando assim o controlo da mobilidade e a eficiência da recuperação. Observou-se que tanto o NaCl como o CaCl2 suprimem a viscosidade da solução de tensioativo polimérico. No entanto, o CaCl2 reduz a viscosidade em maior medida devido aos catiões duplamente carregados. Esta diminuição da viscosidade do tensioativo polimérico na presença de sais é atribuída principalmente à alteração da conformação das moléculas, que reduz o diâmetro hidrodinâmico e diminui o grau de emaranhamento das cadeias moleculares. Além disso, o Ca^{2+} pode atuar como um agente de reticulação para interligar as cadeias de moléculas e influenciar ainda mais a conformação e o comportamento de fluxo do tensioativo polimérico em solução aquosa. Tanto o módulo de armazenamento G' como o módulo de perda G" aumentaram com o aumento da concentração de PMES. Foi encontrado um ponto de cruzamento para G' e G" de cada solução de tensioativo polimérico. Este ponto de cruzamento determina a frequência específica (SF). O valor da frequência específica é fundamental para indicar o ponto de transição entre a fase elástica e a fase viscosa da amostra.

Para determinar os efeitos da concentração de tensioativo polimérico na recuperação adicional de petróleo, foram realizados três conjuntos de inundação de sacos de areia (Amostra S1, S2 e S3) utilizando tensioativo polimérico (P5) de diferentes concentrações, viz. 0,5, 0,6 e 0,7 em massa%. As experiências de inundação do núcleo mostraram 24,53%, 26,04% e 27,31% de recuperação adicional de petróleo bruto para 0,5, 0,6 e 0,7% em massa de soluções de tensioactivos SMES, respetivamente, após inundação convencional com água. A favor dos tensioactivos poliméricos, as experiências de inundação do núcleo registaram 26,5%, 27,8% e 29,1% de recuperação adicional de petróleo bruto para 0,5, 0,6 e 0,7 massa% de soluções de tensioactivos PMES, respetivamente, do óleo original no local em relação à inundação de água convencional.

Os dados investigados acima, obtidos através da avaliação da síntese, caraterização e propriedades petroquímicas de SMES e PMES, são essenciais para a formulação de misturas eficazes de tensioactivos poliméricos e salinos para melhorar a recuperação de petróleo através do mecanismo de redução da tensão interfacial e do controlo da mobilidade desejada. Vários mecanismos, tais como a redução da tensão interfacial, a alternância da molhabilidade através da medição do ângulo de contacto, a melhoria da viscosidade, etc., são responsáveis pela melhoria da recuperação do petróleo. O tensioativo SMES e o tensioativo polimérico sintetizados são rentáveis e não prejudicam o ambiente, apresentando um potencial excecional para a recuperação química de petróleo.

9.2. Recomendações para o trabalho futuro

Várias possibilidades são viáveis para futuras aplicações de trabalho. Estas baseiam-se no objetivo de diversificar as perspectivas de EOR por tensioactivos SMES e PMES para utilização em reservatórios reais. Não há dúvida de que o trabalho experimental continuará a ser a base de qualquer desenvolvimento futuro e, por conseguinte, deve continuar. Alguns dos trabalhos recomendados incluem:

• Formação e caraterização de microemulsão por surfactante sintetizado para a sua aplicação na recuperação melhorada de petróleo, uma vez que as microemulsões apresentam uma maior redução de IFT em comparação com a sua solução aquosa.

• O estudo das interacções de microemulsões e misturas de polímeros e as suas utilizações na recuperação avançada de petróleo podem ser estudadas para uma melhor recuperação. A microemulsão actuaria em duplo papel para aumentar a viscosidade do slug injetado e diminuir o IFT entre o óleo e a água.

• Deseja-se incorporar mais incertezas técnicas no método, tais como o efeito da salinidade no desempenho dos tensioactivos SMES e PMES, que poderia introduzir uma correlação com a adsorção dos tensioactivos SMES/PMES e, consequentemente, influenciar a eficiência de recuperação do processo.

• O enxerto do tensioativo sintetizado (SMES) com diferentes polímeros, como a goma xantana, a carboximetilcelulose e a metilcelulose, pode ser efectuado para uma nova síntese.

• Podem também ser explorados estudos relativos à síntese de tensioactivos catiónicos ou não iónicos a partir do óleo de rícino; a sua caraterização e aplicação na recuperação melhorada de petróleo.

REFERÊNCIAS

Abdala, A.A., 2002. Reologia de solução e microestrutura de polímeros associativos. Tese de doutoramento, Universidade Estatal da Carolina do Norte, Raleigh.

Abeysinghe, K.P., Lohne, A., 2012. Dependência da Saturação de Óleo Remanescente na Molhabilidade e Número Capilar. Documento SPE 160883-MS. Apresentado no Simpósio Técnico e Exposição da Secção da Arábia Saudita da SPE, Al-Khobar, Arábia Saudita.

Adams, W., Schievelbein, V., 1987. Reservatórios de carbonato de inundação de surfactante. SPE Res. Eng. SPE12686-PA. 2, 619-626.

Adamson, A.W., 1990. Physical Chemistry of Surfaces. Wiley-Interscience, Nova Iorque.

Ahmadi, M.A., Shadizadeh, S.R., 2013. Investigação experimental da adsorção de um novo surfactante não iónico em minerais de carbonato. Fuel 104, 462-467.

Akhlaq, M.S., Kessel, D., Dornow, W., 1994. Separação e caraterização de compostos molhantes de petróleo bruto. In: Proc. 3rd Simpósio Internacional de Molhabilidade de Reservatórios e seu Efeito na Recuperação de Petróleo, Laramie, WY.

Akstinat, M.H. 1981. Surfactantes para o processo EOR em sistemas de alta salinidade: Product Selection and Evaluation, F.J Fayers New York, Elsevier.

Alexandre, M., Dubois, P., 2000. Nanocompósitos de silicatos com camadas de polímeros: preparação, propriedades e utilizações de uma nova classe de materiais, Mat. Sci. Eng. R. 28, 1-63.

Alexandrovaa, L., Nedyalkov, M., Khristova, Khr., Platikanov, D., 2011. Película molhante fina a partir de solução aquosa de surfactante polimérico DETA (dietilenotriamina) polioxialquilado. Colloids Surf. A 382, 88-92.

Aili Wang, Li Chen, Dongyu Jiang, Haiyan Zeng, Zongcheng Yan, 2014, Biolubrificantes de microemulsão líquida iónica à base de óleo vegetal: Efeito de surfactantes integrados, Culturas e Produtos Industriais, 62, 515-521.

Aili Wang, Li Chen, Dongyu Jiang e Zongcheng Yan, 2014. Comportamento de fase de microemulsões líquidas iónicas à base de óleo vegetal, J. Chem. Eng. Data, 59, 666-671.

Alomair, O., Alarouj, M., Althenayyan, A., Alsaleh, A., Mohammad, H., Altahoo, Y., Alhaidar, Y., Alansari, S., Alshammari, Y., 2012. Melhoria da Recuperação de Petróleo Pesado por Métodos Térmicos Não Convencionais. Documento SPE 163311. Apresentado na 2012 SPE Kuwait International Petroleum Conference and Exhibition, Cidade do Kuwait, Kuwait.

Al-Zahrani, S.M., Al-Fariss, T.F., 1998. Um modelo geral para a viscosidade de óleos cerosos. Chem. Eng. Process. 37, 433-437.

Anderson, D.R., Bidner, M.S., Davis, H.I., Manning, C.D., Scriven, L.E., 1976. Interfacial tension and phase behavior in surfactant-Brine-oil systems. Documento SPE 5811. Apresentado no SPE Improved Oil Recovery Symposium, Tulsa.

Anderson, W.G., 1986a. Pesquisa de literatura sobre molhabilidade - Parte 1: Rock/Oil/Brine Interactions and the Effect of Core Handling on Wettability. J. Pet. Technol. 281, 1225-1244.

Anderson, W.G. 1987b. Pesquisa de Literatura sobre Molhabilidade - Parte 5: O Efeito da Molhabilidade na Permeabilidade Relativa. J. Pet. Technol. 39, 1453-1468.

Anderson, W.G., 1986b. Wettability Literature Survey-Parte 2: Wettability Measurements. J. Pet. Technol. 281, 1246-1262.

Anderson, W.G., 1987a. Pesquisa de literatura sobre molhabilidade - Parte 4: Efeito da molhabilidade na pressão capilar. J. Pet. Technol. 39, 1283-1300.

Anderson, W.G., 1987c. Pesquisa de literatura sobre molhabilidade - Parte 6: O efeito da molhabilidade na inundação de água. J. Pet. Technol. 39, 1605-1622.

Aoudia, M., Wade, W.H., Weerasooriya, V., 1995. Microemulsões óptimas formuladas com álcool de guerbet propoxilado e sulfatos de sódio tridecil propoxilados. Jornal de Ciência e Tecnologia da Dispersão. 2, 16.

Aske, N., Kallevik, H., Sj€oblom, J., 2001. Determinação de componentes saturados, aromáticos, resinosos e asfalténicos (SARA) em petróleos brutos por meio de espetroscopia de infravermelhos e infravermelhos próximos. Energy Fuels 15, 1304-1312.

Austad, T., Fjelde, I., Veggeland, K., Taugbol, K., 1994. Princípios físico-químicos da inundação de polímeros de baixa tensão. J. Petrol. Sci. Eng. 10, 255-269.

Austad, T., Hodne, H., Strand, S., Veggeland, K., 1996. Chemical flooding of oil reservoirs. O comportamento multifásico dos sistemas óleo/brina/surfactante em relação às alterações de pressão, temperatura e composição do óleo. Colloids Surf. A 108, 253-262.

Awang, M., Goh, M.S., 2008. Sulfonação de Fenóis Extraídos do Óleo de Pirólise de Cascas de Palma para Recuperação Melhorada de Óleo. Chem. Sus. Chem. 1, 210214.

Azira, H., Assassi, N., Tazerouti, A., 2003. Síntese de alcanosulfonatos de cadeia longa por sulfocloração usando cloreto de sulfurilo. J. Surf. Deterg. 6, 55-59.

Azira, H., Tazerouti, A., Canselier, J.P., 2008. Comportamento de fase de sistemas pseudoternários de salmoura/alcano/álcool-alcanosulfonatos secundários. Jornal de Análise Térmica Calorimetria, 92, 759-763.

Babadagli, T., 2006. Avaliação dos parâmetros críticos na recuperação de petróleo de giz fracturado por injeção de surfactante. J. Pet. Sci. Eng., 54, 43-54.

Babadagli, T., Al-Bemani, A., 2007. Investigações sobre a recuperação da matriz durante a injeção de vapor em rochas carbonatadas contendo petróleo pesado. J. Pet. Sci. Eng. 58, 259274.

Baber, T.M., Vu, D.T., Lira, C.T., 2002. Equilíbrio líquido-líquido do sistema ternário de óleo de rícino mais soja mais hexano. J. Chem. Eng. Data, 47, 1502-1505.

Bai, Y., Xiong, C., Shang, X., Xin, Y., 2014. Estudo Experimental sobre Inundação de Etanolamina/Surfactante para Recuperação Aprimorada de Petróleo. Energia e Combustíveis, 28, 1829-1837.

Banat I.M., 1995. Produção de biossurfactantes e possíveis utilizações na recuperação microbiana melhorada de petróleo e na remediação da poluição por petróleo: uma revisão. Biores. Technol. 51, 112.

Barakat, Y., Basily, I.K., Mohammad, A.M. Youssef, A.I., 1989. Surfactantes poliméricos para recuperação aprimorada de óleo. Parte III - características de tensão interfacial de surfactantes não iónicos de alquilfenol-formaldeído etoxilado, Brit. Polym J. 21, 459-465.

Barnes, H. A., Hutton J.F., Walter, K. 1989. An Introduction to Rheology. Elsevier Applied Science. Nova Iorque, 11-15.

Baviere, M., 1976. Otimização do Diagrama de Fase em Sistemas Micelares. Documento SPE 6000. Apresentado na Conferência e Exposição Técnica Anual de outono da SPE, Nova Orleães, Louisiana.

Benjamin, S., Pandey, A., 1998. Lipases de Candida rugosa: Molecular biology and versatility in biotechnology. Yeast 14, 1069-1087.

Benner, F.C., Bartell, F.E., 1942. The Effect of Polar Impurities upon Capillary and Surface Phenomena in Petroleum Production (O Efeito das Impurezas Polares nos Fenómenos Capilares e de Superfície na Produção de Petróleo). Dill and Prod. Prac., API, Cidade de Nova Iorque, 341-348.

Bera, A., Kumar, S., Mandal, A., 2012. Comportamento de Fase Dependente da Temperatura, Tamanho de Partícula e Condutividade de Microemulsões de Fase Média Estabilizadas por Surfactantes Não Iónicos Etoxilados. J. Chem. Eng. Dados 57, 3617-3623.

Bera, A., Kumar, T., Ojha, K., Mandal, A., 2013. Adsorção de surfactantes na superfície da areia na recuperação aprimorada de petróleo: Isotermas, cinética e estudos termodinâmicos, Appl. Surf. Sci. 284, 87-99.

Bera, A., Ojha, K., Kumar, T., Mandal, A., 2012. <u>Estudo mecanicista da alteração da molhabilidade da superfície do quartzo induzida por tensioactivos não iónicos e interação entre o petróleo bruto e o quartzo na presença de sal de cloreto de sódio</u>. Energy Fuels, 26, 3634-3643.

Bera, A., Ojha, K., Mandal, A. Kumar, T., 2011. Tensão interfacial e comportamento de fase do sistema surfactante-brina-óleo. Colloids and Surface A: Physiochemical and Engineering Aspects 383, 114-119.

Berger, P.D., Lee, C.H., 2006. Processo ASP melhorado usando álcali orgânico. Simpósio SPE/DOE sobre recuperação melhorada de petróleo, SPE 99581, Tulsa, abril de 2006.

Biresaw, G., Liu, Z., Erhan, S.Z., 2008. Investigação das propriedades de superfície de sabões poliméricos obtidos por polimerização de abertura de anel de óleo de soja epoxidado. *J. Appl. Polym. Sci.* 108, 1976-1985, ISSN: 0021-8995.

Blin, J.L., Le'onard, A., Su, B.L., 2001. Síntese de sílicas mesoporosas desordenadas do tipo MSU de poros grandes através da montagem do surfactante C_{16} (EO)$_{10}$ e da fonte de sílica TMOS: Efeito do Tratamento Hidrotermal e Estabilidade Térmica dos Materiais. J. Phys. Chem. B 105, 6070-6079.

Boggs Jr., S., 1995. Principles of Sedimentology and Stratigraphy (Princípios de Sedimentologia e Estratigrafia). Segunda edição. Prentice Hall, Englewood Cliffs, NJ, 774.

Brinck, J., Tiberg, F., 1996. Comportamento de Adsorção de Dois Sistemas Binários de Surfactantes Não Iónicos na Interface Sílica-Água. Langmuir 12, 5042-5047.

Brown, R.J.S., Fatt, I., 1956. Medições da Molhabilidade Fraccional de Rochas de Campo Petrolífero pelo Método de Relaxamento Magnético Nuclear. Trans. AMIE 207, 262264.

Buckley, J.S, 1991. Fenómenos Interfaciais na Recuperação de Petróleo. Multiphase Displacement in Micromodels, Morrow, N.R. (ed.), Marcel Dekker Inc., New York, NY, 157-189.

Buckley, J.S., 2001. Molhabilidade efectiva de minerais expostos a petróleo bruto. Curr. Opine. Colloid Interface Sci. 6, 191-196.

Buckley, J.S., Liu, Y., 1996. Alguns mecanismos das interacções petróleo bruto/brina/sólido. In: The 4th International Symposium on Evaluation of Reservoir Wettability and its Effect on Oil Recovery, Montpellier, França.

Camarda, K.V., Sunderesan, P., 2005. An Optimization Approach to the Design of Value- Added Soybean Oil Products (Uma abordagem de otimização para a conceção de produtos de óleo de soja com valor acrescentado). *Ind. Eng. Chem. Res.* 44, 4361-4367, ISSN:0888-5885.

Cao, Y., Huilin, L., 2001. <u>Atividade interfacial de uma nova família de tensioactivos poliméricos</u>. Eur. Polym. J. 38, 1457-1463.

Carcona, A., 1992. Applied enhanced Oil Recovery. Prentice Hall, Englewood Cliffs, Nova Jersey.

Carlino, S., Hudson, M. J., 1998. Um estudo de decomposição térmica sobre a intercalação de Tris (oxalato) ferrato, trihidrato em um hidróxido duplo em camadas (MG AL). J. Solid state Ionics, 110, 153-161.

Carlino, S., Hudson, M.J., 1995. Intercalação térmica de hidróxidos duplos em camadas de ácido caproico num LDH de Mg-Al. J. Mater Chem, 5, 1433-1442.

Carlsen, S., 1994. Enzimas lipolíticas e sua utilização na indústria oleoquímica e de detergentes. Fat. Sci. Technol. 96, 408.

Casson, N., 1959. Uma equação de fluxo para suspensões de pigmento-óleo do tipo tinta de impressão. Rheology of Dispersed Systems, 84-104.

Castor, T.P., Somerton, W.H., Kelly, J.F., 1981. Mecanismos de Recuperação de Inundação Alcalina. Em Surface Phenomena in Enhanced Oil Recovery (Fenómenos de superfície na recuperação avançada de petróleo). Ed. Shah, D. O. Plenum Press, Nova Iorque, 249-291.

Cayias, J.L., Schechter, R.S., Wade, W.H., 1976. Modelagem de óleos brutos para baixa tensão interfacial. Soc. Pet. Eng J. 16, 351-357.

Chen, C., Chang, C., Yang, Y., Maa, J., 2000. Comparações dos efeitos do pH na atividade de redução da tensão interfacial dos surfactantes Triton X-100 e Triton SP-190. Colloids Surf. A 174, 357-365.

Chernicoff, S., 1999. Geologia. Segunda edição. Houghton Mifflin Company, Boston, MA, EUA.

Chiang, M.Y., Shah, D.O., 1980. The effect of alcohol on surfactant mass transfer across the oil/brine interface and related phenomena. Documento SPE 8988. Apresentado no SPE Oilfield and Geothermal Chemistry Symposium, Stanford, Califórnia.

Chinnam, J., Das, D., Vajjha, R., Satti, J., 2015. Medições do ângulo de contacto de nanofluidos e desenvolvimento de uma nova correlação. Comunicações Internacionais em Transferência de Calor e Massa 62, 1-12.

Clementz, D.M., 1982. Alteration of Rock Properties by Adsorption of Petroleum Heavy Ends: Implications for Enhanced Oil Recovery. Documento SPE/DOE 10683. Apresentado no Terceiro Simpósio Conjunto SPE/DOE sobre EOR realizado em Tulsa, de 4 a 7 de abril de 1982, OK, EUA.

Clifford, P.J., Sorbie, K.S., 1985. The Effects of Chemical Degradation on Polymer Flooding (Os Efeitos da Degradação Química na Inundação de Polímeros). SPE 13586-MS. Apresentado no Simpósio Internacional da SPE sobre Campo Petrolífero e Química Geotérmica, Phoenix, Arizona.

Collins, S.H., Melrose, J.C., 1983. Adsorção de Asfaltenos e Água em Minerais de Rocha de Reservatório. Documento SPE 11800. Apresentado no Simpósio Internacional sobre Química de Campos Petrolíferos e Geotérmicos realizado em Denver, CO, EUA.

Craft, B.C., Hawkins, M., Terry, R.E., 1991. Applied Petroleum Reservoir Engineering. Segunda Edição, Englewood, Cliffs NJ: Prentice Hall PTR. 4-6, 376-384.

Craig Jr., F.F., 1971. The Reservoir Engineering Aspects of Water flooding. Série de Monografias 3, SPE, Série Henry L. Doherty, Dallas, Texas, Owens e Archie.

Craig, F.F. Jr., 1980. The Reservoir Engineering Aspects of Water Flooding. Série de Monografias, SPE, Richardson, TX, 3, 45-47.

Crocker, M.E., Marchin, L.M., 1988. Características de Molhabilidade e Adsorção de Asfalteno de Óleo Bruto e Frações Polares. J. Pet. Technol. 40, 470-474.

Cuiec, L., 1977. Study of Problems Related to the Restoration of the Natural State of Core Samples, Journal of Canadian Petroleum Technology, 16, 68-80.

Cuiec, L., 1984. Interacções rocha/óleo bruto e molhabilidade: Uma tentativa de compreender a sua inter-relação. Publicação SPE 13211. Conferência Técnica Anual e Exposição da SPE, Houston, Texas.

Cuiec, L.E., 1991. Avaliação da molhabilidade do reservatório e seu efeito na recuperação de petróleo, em: Morrow, N. R. (Ed.), Interfacial Phenomena in Petroleum Recovery. Marcel Dekker, Surfactant Science Series, vol. 36. Inc., Nova Iorque e Basileia, 319-375.

Davis, H.T., Scriven, L.E., 1982. Stress and structure in fluid interfaces. Adv. Chem. Phy. 49, 357-454.

Desai, T.R. Dixit, S.G., 1996. Interação e Propriedades Viscosas de Soluções Aquosas de Surfactantes Catiónicos e Não Iónicos Mistos. J. Colloid Interface Sci. 177, 471-477.

Dong, H.Z., Fang, S.F., Wang, D.M., Wang, J.Y., Liu, Z., Hong, W.H., 2008. Revisão da Experiência Prática e Gestão por Inundação de Polímeros em Daqing. SPE 114342. Apresentado no SPE Improved Oil Recovery Symposium, realizado em Tulsa, Oklahoma.

Dorsow, R.B., Bunton, C.A., Nicoli, D.F., 1983. Estudo comparativo das interacções intermicelulares utilizando a dispersão dinâmica da luz. Journal of Physical Chemistry, 87, 1409-1416.

Dosher, T.M., Wise, F.A., 1976. Enhanced oil recovery potential- An estimate. J. Pet. Technol. 28, 575-585.

Douda, J., Alvarez, R., Navarrete, B., 2008. Caracterização do asfalteno e do malteno da Maya por meio da aplicação da pirólise. Combustíveis energéticos 22, 2629-2628.

Drew, M., 2006. Surfactant Science and Technology. 3ª edição, John Wiley & Sons, Inc., Hoboken, Nova Jersey.

Drummond, C., Israelachvili, J., 2004. Estudos fundamentais das interacções petróleo bruto-água superficial e sua relação com a molhabilidade do reservatório. J. Pet. Sci. Eng. 45, 61-81.

Du Noüy, P.L., 1918. Um novo aparelho para medir a tensão superficial. Journal of genetic physiology, 521.

Dubey, S.T., Waxman, M.H., 1989. Asphaltene Adsorption and Desorption from Mineral Surfaces. Documento SPE 18462. Apresentado no Simpósio Internacional SPE sobre Química de Campos Petrolíferos em Hoston, TX, EUA.

Durand, C., Beccat, P., 1996. Utilização de XPS para avaliação da molhabilidade de arenitos de reservatórios. Aplicação à caulinite e à ilite. In: O 4º Simpósio Internacional sobre Avaliação da Molhabilidade do Reservatório e seu Efeito na Recuperação de Petróleo, Montpellier, França.

El-Batanoney, M., Abdel-Moghny, T., Ramzi, M., 1999. O efeito de tensioactivos mistos no aumento da recuperação de petróleo. J. Surf. Deterg. 2, 201-205.

Elraies, K.A., Tan, I.M., Awang, M., Saaid, I., 2010. A síntese e o desempenho do metil éster sulfonato de sódio para uma melhor recuperação de petróleo. Petrol. Sci. Technol. 28, 1799-1806.

Elraies, K.A., Tan, I.M., Fathaddin, M.T., Abo-Jabal, A., 2011. <u>Desenvolvimento de um novo surfactante polimérico para recuperação química de petróleo</u>. Petrol. Sci. Technol. 29, 1521-1528.

Administração de Informações sobre Energia, 2003. U.S. Crude Oil, Natural Gas, and Natural Gas Liquids Reserves, 2002. Relatório anual. Escritório de Petróleo e Gás, Departamento de Energia dos EUA. Washington.

Erhan, S. M., Kleiman, R., Abbott, T.P., 1996. Quantificação de estolídeos por espetroscopia de infravermelhos com transformada de Fourier. Journal of the American Oil Chemists' Society 73(5) 563-567.

Eram Sharmina, Fahmina Zafar, Deewan Akrama, Manawwer Alame, Sharif Ahmada, 2015. Avanços recentes em revestimentos ecológicos à base de óleos vegetais: A review, Industrial Crops and Products, Volume 76, 215-229.

Farouq-Ali, S.M., Stahl, C.D., 1970. Aumento da Recuperação de Petróleo por Inundação de Água Melhorada. Earth Mineral Sci. 39, 25-28.

Flaaten, A.K., Nguyen, Q.P., Pope, G.A., Zhang, J., 2008. Uma abordagem laboratorial sistemática à inundação química de baixo custo e alto desempenho. SPE Res. Eval. Eng., 12, 713-723.

Flew, S., Sellin, R. H. J. 1993. Non-Newtonian flow in porous mediasA laboratory study of polyacrylamide solutions. J. Non-Newtonian Fluid Mech. 47, 169.

Fresh, C. H., Ruppert, S., Sugar, M., Schmidt-Lewerkuhne, H., Written, K. P., Fainerman, V. B., Eggers, R. e Miller, R., 2003. Adsorption kinetics of surfactant mixtures from micellar solutions as studied by maximum bubble pressure technique. J. Colloid Interface Sci., 267, 475-482.

Frye, G.C., Thomas, M.M., 1993. Adsorção de compostos orgânicos em minerais de carbonato. 2. Extração de Ácidos Carboxílicos de Carbonatos Recentes e Antigos. Chemical Geology 109, 215-226.

Gau, C.S., Zografi, G., 1990. Relações entre adsorção e humidificação de soluções. J. Colloid Interface Sci. 140, 1-9.

Gloton, M.P., Turmine, M., Mayaffre, A., Letellier, P., Toulhoat, H., 1992. Estudo da adsorção de asfaltenos em superfícies minerais através de medições do ângulo de contacto: cinética das alterações da molhabilidade. In: Físico-Química de Colóides e Interfaces na Produção de Petróleo. H. Toulhoat e J. Lecourtier (eds.), Paris.

Gogarty, W.B., 1967. Controlo da Mobilidade com Soluções de Polímeros. Soc. Pet. Eng. J. 7, 161-173.

Gogarty, W.B., Meabon, H.P., Milton Jr., H.W., 1970. Projeto de controle de mobilidade para inundações de água do tipo miscível usando soluções micelares. Soc. Pet. Eng. J. 22, 141-147.

Gonzalez, G., Moreira, M.B.C., 1991. A molhabilidade de superfícies minerais contendo asfaltenos adsorvidos. Colloids Surf. A 58, 293-302.

Gracia, C.A., Gomez-Barreiro, S., Gonzalez-Pérez, A., Rodriguez, J.R., 2004. Estudos estáticos e dinâmicos de dispersão de luz em soluções micelares de cloretos de alquildimetilbenzilamónio. Journal of Colloid and Interface Sci. 276, 408-413.

Green, D.W., Willhite, G.P., 1998. Enhanced Oil Recovery. Society of Petroleum Engineers, SPE Textbook Series, 6, 1-7, Richardson, Texas.

Gregorio, C.G., 2005. Fatty Acids and Derivatives from Coconut Oil, Bailey's Industrial Oil and Fat Products, Sixth Edition, Six Volume Set.

Gregório, C.G., 2005. Industrial oil and fat products. John Wiley & Sons, Hoboken, Nova Jersey.

Guo, S.P., Huang, Y.Z. 1990. Mecanismo de fluxo de infiltração microscópico de química física. Beijing: Science Press, 100-102.

Guo, Y., Hardesty, J.H., Mannari, V.M., Massingill, J.L., 2007. Hidrólise de Óleo de Soja Epoxidado na Presença de Ácido Fosfórico. *JAOCS* 84, 929935, ISSN: 0003-021X.

Guo, Z., Dong, M., Chen, Z., Yao, J., 2013. Grupos de escala dominantes de inundação de polímero para recuperação aprimorada de óleo pesado. Ind. Eng. Chem. Res. 52, 911921.

Gurgel, A., Moura, M.C.P.A., Dantas, T.N.C., Barros Neto, E.L., Dantas Neto, A.A., 2008. Uma revisão sobre métodos de inundação química aplicados na recuperação avançada de petróleo. Braz. J. Petrol. Gás 2, 83-95.

Halbert Jr., W.G., Inks, Clyde G., 1971. Inundação de água miscível usando um solubilizador de éster de fosfato. Paper SPE 3697, apresentado na Reunião Regional da SPE Califórnia, 4-5 de novembro de 1971, Los Angeles, Califórnia.

Hall, B.E., 1986. Trabalho sobre Fluidos. Parte 1 - Os tensioactivos têm propriedades químicas diferentes que devem ser compreendidas para garantir uma aplicação adequada. World Oil, 111-114.

Hatice Mutlu e Michael A. R. Meier, 2010. O óleo de rícino como um recurso renovável para a indústria química. Jornal Europeu de Ciência e Tecnologia dos Lípidos, 112, 10-30.

He, H.P., Ray, F.L., Zhu, J.X., 2004. Estudo por infravermelhos da montmorilonite intercalada HDTMA$^+$. Spectrochim Ata A., 60, 2853-2589.

Healy, R.N., Read, R.L., Stenmark, D.G., 1976. Sistema multifásico de microemulsão. Soc. Pet. Eng. J. 261, 147-160.

Healy, R.N., Reed, R.L., 1974. Aspectos físico-químicos da inundação de microemulsões. Soc. Pet. Eng. J. 14, 491-501.

Hill, H.J., Reisenberg, H., Stegemeier, G.L., 1973. Sistema de surfactantes aquosos para recuperação de petróleo. J. Pet. Tech., 25, 186-194.

Hirasaki, G.J., Pope, G.A., 1974. Analysis of Factors Influencing Mobility and Adsorption in the Flow of Polymer Solution through Porous Media. Soc. Pet. Eng. J. 14, 337-346.

Hjelmeland, O., Larrondo, L.E., 1986. Investigação experimental dos efeitos da temperatura, pressão e composição do petróleo bruto nas propriedades interfaciais. SPE Reservoir Eng. 1, 321-328.

Holmberg, C., Sundelof, L., 1996. Dependência da temperatura das propriedades hidrodinâmicas e da interação surfactante-polímero em solução. Langmuir 12, 883889.

H00ysz, L., Chibowski, E., 1992. Componentes da Energia Livre de Superfície e Flotabilidade da Barita Pré-revestida com Dodecil Sulfato de Sódio. Langmuir 8, 303-308.

Hou, J.R., Liu, Z. C., Zhang, S. F., Yue, X. A., Yang, J. Z. 2005. O papel da viscoelasticidade das soluções de álcali/surfactante/polímero na recuperação melhorada de petróleo. J Petrol Sci Eng., 47(4) 219-235.

Huh, C., Choi, S.K., Sharma, M.M., 2005. Um Modelo Reológico para Soluções de Polímeros Iónicos Sensíveis ao pH para Aplicações de Controlo de Mobilidade Óptima. Documento SPE 96914-MS. Apresentado na Conferência e Exposição Técnica Anual da SPE, Dallas, Texas.

Iglauer, S., Wu, Y., Shuler, P., Tang, Y., Goddard III, W.A., 2010. Novas classes de surfactantes para a recuperação melhorada de petróleo e o seu potencial de recuperação terciária de petróleo. J. Pet. Sci. Eng. 71, 23-29.

Izgec, O., Shook, G.M., 2012. Considerações sobre o projeto de controle de conformidade de inundação de água com polímero submicrônico de baixa viscosidade acionado por temperatura. Documento SPE 153898-MS. Apresentado na Reunião Regional Ocidental da SPE, Bakersfield, Califórnia, EUA.

Jada, A., Lang, J., Zana, R., Makhloufi, R., Hirsch, E., Candau, S.J., 1990. Água ternária em microemulsões de óleo feitas de surfactantes catiónicos, água e solventes aromáticos, tamanhos de gotículas e interacções e troca de material entre gotículas. J. Phys. Chem, 94, 387-395.

Jamshidi, H., Rabiee, A., 2014. Síntese e caraterização do copolímero aniónico à base de acrilamida e investigação das propriedades da solução. Adv. Mat. Sci. Eng. ID 728675.

Janczuk, B., GonzaÂlez-Martôn, M.L., Bruque, J.M., 1995. A influência do dodecil sulfato de sódio na energia livre de superfície da cassiterita. J. Colloid Interface Sci. 170, 383-391.

Janczuk, B., GonzaÂlez-Martôn, M.L., Bruque, J.M., 1996. Molhabilidade da fluorite na presença de um tensioativo aniónico e não iónico. Canadian Metal. Quart. 35, 17-21.

JanÂczuk, B., Zdziennicka, A., WoÂjcik, W., 1997. Relação entre a humidificação do Teflon pelo brometo de cetiltrimetilamónio. Eur. Polym. J.

Jarrahian, Kh., Vafie-Seftia, M., Ayatollahi, Sh., Moghadam, F., Mousavi Moghadam, A., 2010. Estudo dos Mecanismos de Alteração da Molhabilidade por Surfactantes. SCA2010-38. Simpósio Internacional da Sociedade de Analistas de Núcleo realizado em Halifax, Nova Escócia, Canadá.

Jeirani, Z., Mohamed Jan, B., Si Ali, B., Noor, I.M., See, C.H., Saphanuchart, W., 2013a. Formulação, otimização e aplicação de microemulsão de triglicerídeos na recuperação aprimorada de petróleo. Ind. Crop. Prod. 43, 6-14.

Johannesen, E.B., Graue, A., 2007. Mobilização do Óleo Remanescente - Ênfase no Número Capilar e na Molhabilidade. Documento SPE 108724-MS. Apresentado na Conferência e Exposição Internacional de Petróleo no México, Veracruz, México.

Jones, S.C., Dreher, K.D., 1976. Cosurfactantes em sistemas Miceller usados para recuperação de óleo terciário. Soc. Pet. Eng. J. 16, 161-167.

Kamal, M.S., Hussien, I.A., Sultan, A.S., Han, M., 2013. Estudo reológico do sistema copolímero-surfactante ATBS-AM em ambiente de alta temperatura e alta salinidade. J. Chem. 801570.

Karlson, L., 2002. Reologia e associações moleculares de polímeros modificados hidrofobicamente. Carbohydrate Polymers 50, 219-226.

Kato, K., Uchida, E., Kang, E., Uyama, Y., Ikada, Y., 2003. Superfície de polímero com cadeias de enxerto. Progr. Polym. Sci. 28, 209-259.

Kim, H.U., Lim, K.H., 2004. Tamanhos e Estruturas de Micelas de Cloreto de Octadecil Trimetil Amónio Catiónico e Surfactantes de Dodecil Sulfato de Amónio Aniónico em Soluções Aquosas. Boletim da Korean Chem. Soc. 25, 382388.

Kowalewski, E., Holt, T., Torseater, O., 2002. Wettability Alteration due to an Oil Soluble Additive (Alteração da Molhabilidade devido a um Aditivo Solúvel em Óleo). J. Pet. Sci. Eng. 33, 19-28.

Kueper, B.H., Abbot, W., Farquhar, G., 1989. Experimental Observations of Multiphase Flow in Heterogeneous Porous Media (Observações experimentais do fluxo multifásico em meios porosos heterogéneos). Journal of Contaminant Hydrology, 5, 83-95.

Kwok, D.Y., Lam, C.N.C., Li, A., Leung, A., Wu, R., Mok, E., Neumann, A.W., 1998. Medição e Interpretação dos Ângulos de Contacto: Uma questão complexa. Colloids Surf. A 142, 219-235.

Lake, L.W., 1989. Enhanced Oil Recovery, Prentice Hall, Englewood Cliffs, NJ, 408.

Lake, L.W., Schmidt, R.L., Venuto, P.B., 1992. A Niche for Enhanced Oil Recovery in the 1990s. Oil Review, 55-61.

Lauger, J., Bernzen, M., 2000. NRS, Physica Messtechnik GmbH. 8.

Lebedeva, E.V., Fogden, A., 2011. Alteração da molhabilidade da caulinite exposta a petróleo bruto em soluções salinas. Colloids Surf. A 380, 280-291.

Lee, K.S., 2011. Desempenho de uma inundação de polímero com fluido de afinamento de cisalhamento em sistemas de camadas heterogéneas com fluxo cruzado. Energias, 4, 1112-1128.

Legens, C., Palermo, T., Toulhoat, H., Fafet, A., Koutsoukos, P., 1998a. Alterações na Molhabilidade das Rochas Carbonatadas Induzidas pela Adsorção de Compostos Orgânicos. J. Pet. Sci. Eng. 20, 227-282.

Legens, C., Toulhoat, H., Cuiec, L., Villietas, F., Palermo, T., 1998b. Wettability Change Related to the Adsorption of Organic Acids on Calcite: Experimental and Ab Initio Computational Studies. Documento SPE 49319. Apresentado na Conferência e Exposição Técnica Anual da SPE realizada em Nova Orleães, LA, EUA.

Li, K., Horne, R.N., 2003. Um método de avaliação da molhabilidade para sistemas gás-líquido-rocha e líquido-líquido-rocha. SPE 80233. Simpósio Internacional da SPE sobre Química de Campos Petrolíferos, Houston, Texas, E.U.A.

Liu, Q., Dong, M., Asghari, K., Tu, Y., 2007a. Wettability alteration by magnesium ion binding in heavy oil/brine/ chemical/sand systems-Analysis of electrostatic forces. J. Pet. Sci. Eng. 59, 147-156

Liu, S., 2008. Alkaline Surfactant Polymer Enhanced Oil Recovery Process, tese de doutoramento, Rice University, Houston, Texas.

Liu, S., Armes, S.P., 2001. Avanços recentes na síntese de surfactantes poliméricos. Curr. Opin. Colloid Interface Sci. 6, 249-256.

Liu, Y., Buckley, J.S., 1997. Evolução da alteração da humidade por adsorção do petróleo bruto. SPE Form. Eval. 12, 5-11.

Liu, Z.S., Erhan, S.Z., 2010. Hidrogéis termossensíveis à base de soja para sistemas de libertação controlada, Patente dos Estados Unidos 7691946.

Lopez-Diaz, D., Garcia-Mateos, I., Velaques, M.M., 2005. Sinergismo em misturas de surfactantes zwitteriónicos e iónicos. Colloids Surf. A 1, 153-162.

Lord, D.L., Buckley, J.S., 2002. An AFM Study of Nanoscale Features Affecting at Crude Oil-Water-Mica Interfaces. Colloids Surf. A 206, 531-546.

Lowry, P.H., Ferrell, H.H., Dauben, D.L., 1986. A Review and Statistical Analysis of Micellar-Polymer Field Test Data National Petroleum Technology Office. Relatório No. DOE/BC/10830-4. Departamento de Energia dos EUA, Tulsa, OK, EUA.

Lucassen-Reynders, E.H., 1966. Equação de Estado de Superfície para Surfactantes Ionizados. J. Phys. Chem. 70, 1777-1785.

Lucia Ya. Zakharova, Dinar R. Gabdrakhmanov, Alsu R. Ibragimova, Elmira A. Vasilieva, Irek R. Nizameev, Marsil K. Kadirov, Elena A. Ermakova, Natalia E. Gogoleva, Dzhigangir A. Faizullin, Andrey G. Pokrovsky, Vladislav A. Korobeynikov, Sergey V. Cheresiz, Yuriy F. Zuev, 2016. Propriedades estruturais, de biocomplexação e de entrega de genes de surfactantes gemini hidroxietilados com comprimento de espaçador variado, Colloids and Surfaces B: Biointerfaces, 140, 269-277.

Madsen, L., Grahl-Madsen, L., Gron, C., Lind, I., Engell, J., 1996. Adsorção de Hidrocarbonetos Aromáticos Polares em Calcite Sintética. Organic Geochemistry 24, 1151-1155.

Madsen, L., Lind, I., 1998. Adsorção de Ácidos Carboxílicos em Minerais de Reservatório de Fase Orgânica e Aquosa. SPE Reserv. Eval. Eng. 1, 47-51.

Marmur, A., 1996. Ângulos de Contacto de Equilíbrio: Theory and Measurement. Colloids Surf. A 116, 55-61.

McCaffery, F.G., 1976. Interfacial Tensions and Aging Behaviour of Some Crude Oils against Caustic Solutions. J. Canadian Pet. Technol. 15, 71-75.

Menezes, J.L., Yan, J., Sharma, M.M., 1989. O Mecanismo de Alteração da Molhabilidade devido a Surfactantes em Lamas à Base de Óleo. Documento SPE 18460. Apresentado no SPE International Symposium on Oilfield Chemistry realizado em Houston, TX, EUA.

Meng, L., Kang, W., Zhou, Y., Wang, Z., Liu, S., Bai, B., 2008. Propriedades reológicas viscoelásticas de diferentes tipos de soluções de polímeros para a recuperação de petróleo. J. Cent. South Univ. Technol. 15, 126-129.

Mennella, A., Morrow, N.R., Xie, X., 1995. Aplicação da placa dinâmica de Wilhelmy à identificação do deslizamento numa linha de contacto trifásica líquido-líquido-sólido. J. Colloid Interface Sci. 13, 179-192.

Michaels, A.S., Timmins, R.S., 1960. Transporte cromatográfico de agentes de molhagem reversa e seu efeito no deslocamento de óleo em meios porosos. Pet. Trans. AIME 219, 150-157.

Miller, C.A., Neogi, P., 1985. Fenómenos Interfaciais, Equilíbrio e Efeitos Dinâmicos. Série Ciência dos Surfactantes. Marcel Dekker, Inc., Nova Iorque, 17, 165.

Mishra, S., Bera, A., Mandal, A., 2014. Efeito da Adsorção de Polímeros na Redução da Permeabilidade na Recuperação Aprimorada de Petróleo. J. Pet. Eng. 395857, 193-201.

Mitchell, B.S., 2004. An Introduction to Materials Engineering and Science for Chemical and Materials Engineers (Introdução à Engenharia e Ciência dos Materiais para Engenheiros Químicos e de Materiais). John Wiley & Sons, Inc., Hoboken, Nova Jersey.

Mo, C., Zhong, M. Zhong, Q., 2000. Investigação da estrutura e transição de estrutura em sistemas de microemulsão de dodecil sulfonato de sódio + n-heptano + n-butanol + água por voltametria cíclica e medidas de condutividade eléctrica. J. Electroanal. Chem, 493, 100-107.

Moore, T.F., Slobod R.L., 1955. Displacement of Oil by Water-Effect of Wettability, Rate and Viscosity on Recovery (Deslocamento de Petróleo por Água - Efeito da Molhabilidade, Taxa e Viscosidade na Recuperação). SPE 502-G, Reunião de outono do Ramo Petrolífero da AIME, Nova Orleães, Louisiana.

Mork, P.C., 1997. Overflate og Kolloidkjemi. Princípios e teorias gerais. Utgave. Instituto de

Engenharia Industrial, Faculdade de Engenharia e Biologia. NTNU.

Morrow, N.R., 1990a. Wettability and its Effect on Oil Recovery (Molhabilidade e seu Efeito na Recuperação de Petróleo). J. Pet. Technol. 42, 1476-1484.

Morrow, N.R., 1990b. Introdução aos Fenómenos Interfaciais na Recuperação de Petróleo. in: Morrow, N. R. (Ed.), Interfacial Phenomena in Petroleum Recovery. Marcel Dekker, Surfactant Science Series, vol. 36. Inc., Nova Iorque, pp. 1-2.

Morrow, N.R., 1991, Marcel Dekker Inc., Nova Iorque, NY, pp. 157-189.

Morrow, N.R., Cram, P.J., McCaffery, F.G., 1973. Estudos de Deslocamento em Dolomita com Controlo de Molhabilidade por Ácido Octanóico. Soc. Pet. Eng. J. 13, 221-232.

Mukhopadhyay, L., Bhattacharya, P.K., Moulik, S.P., 1990. Efeitos aditivos na percolação da microemulsão água/AOT/decano com referência ao mecanismo de condução. Colloids Surf. A 50, 295-308.

Mulyadi, H., Amin, R., 2001. Uma nova abordagem para a simulação de reservatórios em 3D: Efeito da Tensão Interfacial na Melhoria da Recuperação de Petróleo. Documento SPE 68733-MS. Apresentado na SPE Asia Pacific Oil and Gas Conference and Exhibition, Jacarta, Indonésia.

Munin, Aude, Edwards-Lévy, Florence, 2011. Encapsulamento de compostos polifenólicos naturais. Farmacêutica, 3, 793.

Muthusamy, K., Gopalakrishnan, S., Ravi, T.K., Sivachidambaram, P., 2008. Biosurfactantes: Propriedades, produção comercial e aplicação. *Curr. Sci.* 94(6) 736-747, ISSN: 0011-3891.

Nasr, T.N., Ayodele, O.R., 2005. Thermal Techniques for the Recovery of Heavy Oil and Bitumen, Thermal Techniques for the Recovery of Heavy Oil and Bitumen, paper SPE 97488. Apresentado na SPE International Improved Oil Recovery Conference in Asia Pacific, Kuala Lumpur, Malásia.

Nazar, M.F., Shah, S.S., Khosa, M.A., 2011. Microemulsões na recuperação avançada de petróleo: A Review. J. Pet. Sci. Technol. 29, 1353-1365.

Needham, R.B., Doe, P.H., 1987. Polymer Flooding Review. J. Pet. Technol. 39, 1503-1507.

Odi, U., Gupta, A., 2010. Otimização e Conceção da Inundação de Dióxido de Carbono. Documento SPE 138684. Apresentado na Exposição e Conferência Internacional de Petróleo de Abu Dhabi, Abu Dhabi, EAU.

Osterloh, W.T., Jante Jr., M.J., 1992. Inundação de Surfactante-Polímero com Microemulsões de Surfactante Aniónico PO/EO Contendo Aditivos de Polietileno Glicol. Documento SPE 24151. Apresentado no SPE/DOE Enhanced Oil Recovery Symposium, Tulsa, Oklahoma.

Panda, T., Gowrishankar, B.S., 2005. Produção e aplicações de esterases. Appl. Microbiol. Biotechnol. 67, 160-69.

Parekha, P., Varadea, D., Parikhb, J., Bahadura, P., 2011. Sistemas de surfactantes mistos aniónicos-catiónicos: Interação micelar de dodecil trioxietileno sulfato de sódio com tensioactivos catiónicos Gemini. Colloids Surf. A 385, 111-120.

Paul, S., Bisal, S.R., Moulik, S.P., Physicochemical studies on microemulsions: test of the theories of percolation. J. Phys. Chem., 96, 896-901.

Pe'rez-Are'valo, J.F., Dominguez, J.M., Terre's, E., Rojas-Herna'ndez, A., Miki, M., 2002. On the Role of Cross-Linking Density of Surfactants on the Stability of Silica-Templated Structure (Sobre o Papel da Densidade de Reticulação de Surfactantes na Estabilidade da Estrutura de Sílica Contemplada). Langmuir 18, 961-964.

Pei, H.H., Zhang, G.C., Ge, J.J., Ding, L., Tang, M.G., Zheng, Y.F., 2012. Um Estudo Comparativo de Inundação Alcalina e Inundação Alcalina/Surfactante para o Petróleo Pesado de Zhuangxi. Documento SPE 146852. Apresentado na Conferência de Petróleo Pesado da SPE, Calgary, Alberta, Canadá.

Pierre, A., Lamarche, J.M., Mercier, R., Foissy, A., Persello, J., 1990. Cálcio como Potencial Ião Determinante em Suspensões Aquosas de Calcite. J. Disper. Sci. Technol. 11, 89-122.

Poettmann, F.H., 1983. Improved Oil Recovery. Comissão do Pacto Interestadual, Cidade de Oklahoma, Oklahoma.

Pope, G.A., 2007. Visão geral da inundação química. Workshop Casper EOR. Centro de Engenharia de Petróleo e Geossistemas, Universidade do Texas, Austin.

Pope, G.A., Nelson, R.C., 1978. Um Simulador de Composição de Inundação Química. Soc. Pet. Eng. J. 18, 339-354.

Prinetto, F., Ghiotti, G., Graffin, P., Tichit, D., 2000. Síntese e caraterização de hidróxidos duplos em camadas de Mg/Al e Ni/Al em sol-gel e comparação com amostras co-precipitadas. Micropor Mesopor mat., 39, 229-247.

Puerto, M.C., Reed, R.L., 1983. A Three-Parameter Representation of Surfactant/Oil/Brine Interaction. Soc. Pet. Eng. J. 23, 669-682.

Purwono, S., Murachman, B., 2001. Desenvolvimento de produtos químicos de base não petrolífera para melhorar a recuperação de petróleo na Indonésia. Documento SPE 68768. Apresentado na SPE Asia Pacific Oil and Gas Conference and Exhibition, Jacarta, Indonésia.

Pyter, R.A., Zografi, G., Mukerjee, F., 1982. Molhagem de sólidos por agentes tensioactivos: Os efeitos da adsorção desigual nas interfaces vapor-líquido e sólido-líquido. J. Colloid Interface Sci. 89, 144-153.

Rahman K.S.M., Rahman T.J., McClean S., Marchant R., Banat I.M., 2002. Produção de biosurfactante ramnolipídico por estirpes de Pseudomonas aeruginosa utilizando matérias-primas de baixo custo. Biotechnol Prog. 18, 1277-1281.

Reisberg, J., Doscher, T.M., 1956. Fenómenos Interfaciais em Sistemas de Petróleo Bruto e Água. Producers Monthly, novembro, 43-50.

Rosen, M. J., Wang, H., Shen, P., Zhu, Y., 2005. Tensão interfacial ultrabaixa para uma melhor recuperação de petróleo a concentrações muito baixas de surfactantes. Langmuir 21, 3749-3756.

Ruckenstein, E., 1981. Avaliação da Tensão Interfacial entre uma Microemulsão e a Fase Dispersa em Excesso. Soc. Pet. Eng. J., 21, 593-602.

Rosen, M.J., 1989b. Surfactants and Interfacial Phenomena. Wiley-Interscience, Nova Iorque.

Rosen, M.J., 2004. Fenómenos Surfactantes e Interfaciais. Terceira edição. John Wiley and Sons, Nova Iorque.

Rudin, J., Bernard, C., Wasan, D.T., 1994. Efeito do Surfactante Adicionado na Tensão Interfacial e Emulsificação Espontânea em Sistemas de Óleo Alcalino/Ácido. Ind. Eng. Chem. Res.33, 1150-1158.

Rudin, J., Wasan, D.T., 1992. Mecanismos de redução da tensão interfacial no sistema de óleo alcalino/ácido: Efeito do surfactante adicionado. Ind. Eng. Chem. Res. 31, 1899-1906.

Rust D., Wildes, S., 2008. Surfactants: a market opportunity study update, United soybean board, Omni Tech International, Ltd., Midland.

Salathiel, R.A., 1973. Recuperação de petróleo por drenagem de filme superficial em rochas de molhabilidade mista. J. Pet. Technol. 225, 1216-1224.

Samanta, A., Bera, A., Ojha, K., Mandal, A., 2010. Effects of Alkali, Salts, and Surfactant on Rheological Behavior of Partially Hydrolyzed Polyacrylamide Solutions, J. Chem. Data 55, 4315-4322.

Samanta, A., Ojha, K., Sarkar, A., Mandal, A., 2011. Inundação de surfactante e polímero surfactante para recuperação aprimorada de óleo. Adv. Petrol. Explor. Dev. 2, 1318.

Samanta, A., Ojha, K., Sarkar, A., Mandal, A., 2013. Controle de mobilidade e recuperação aprimorada de óleo usando poliacrilamida parcialmente hidrolisada (PHPA). Int. J. Oil Gas Coal Tech. 6, 245-258.

Santanna, V.C., Curbelo, F.D.S., Castro Dantas, T.N., Dantas Neto, A.A., Albuquerque, H.S., Garnica, A.I.C., 2009. Inundação de microemulsão para recuperação avançada de petróleo. J. Pet. Sci. Eng. 66, 117-120.

Sarmadivaleh, M., Al-Yaseri, A.Z., Iglauer, S., 2015. Influência da temperatura e da pressão no ângulo de contacto quartzo-água-CO2 e na tensão interfacial CO_2-água. J. Colloid Interface Sci. 441, 59-64.

Sastry, N.V., Dave, P.N., Valand, M.K., 1999. Comportamento da solução diluída de poliacrilamidas em meios aquosos. Eur. Polym. J. 35, 517-525.

Sayyouh, M.H., 1994. Os alcalinos podem melhorar a miscibilidade de um sistema surfactante-óleo-solução salina e a eficiência da varredura de área do óleo. Oil Gas 1, 13-20.

Schamel, S., Deo, M., 2000. Strategies for Optimal Enhanced Recovery of Heavy Oil by Thermal Methods, Midway-Sunset Field, Southern San Joaquin Basin, California. Documento SPE 63295. Apresentado na Conferência e Exposição Técnica Anual da SPE, Dallas, Texas.

Schechter, R.S., Wade, W.H., 1976. Research on Tertiary Oil Recovery, Relatório Anual, Universidade do Texas em Austin, Texas, EUA.

Schmidt, R.L. Thermal Enhanced Oil Recovery Current Status and Future Needs (Recuperação Térmica Melhorada de Petróleo - Situação Atual e Necessidades Futuras).

janeiro de 1990.

Seifert, W.K., Teeter, R.M., 1970. Identificação de Ácidos Caboxílicos Poliméricos Aromáticos e Heterocíclicos de Petróleo Bruto. Analytical Chemistry 42, 750-758.

Sekhon K.K., Khanna S., Cameotra S.S., 2011. Produção melhorada de biossurfactantes através da clonagem de três genes e papel da esterase na libertação de biossurfactantes. Micro. Cell fact. 10, 49.

Shah, D.O., Schechter, R.S., 1977. Improved oil recovery by surfactant and polymer flooding. Academic Press, Nova Iorque.

Shandrygin, A.N., Lutfullin, A., 2008. Estado atual das técnicas de recuperação melhorada nos campos da Rússia. Documento SPE 115712. Apresentado na Conferência e Exposição Técnica Anual da SPE. Denver, Colorado, EUA.

Shedid, S.A., Ghannam, M.T., 2004. Factores que afectam a medição do ângulo de contacto de rochas de reservatório. J. Pet. Sci. Eng. 44, 193-203.

Shedid, S.A., Zekri, A.Y., Almehaideb, R.A., 2007. Investigação Laboratorial das Influências da Saturação Inicial do Petróleo e da Viscosidade do Petróleo na Recuperação de Petróleo por Inundação Miscível de CO_2. Documento SPE 106958. Apresentado na Conferência e Exposição EUROPEC/EAGE, Londres, Reino Unido.

Sheng, J.J., 2011. Modern Chemical Enhanced Oil Recovery (Teoria e Prática). Elsevier Inc, EUA.

Shi, L.S., 2000. React. An Approach to the Flame Retardation and Smoke Suppression of ethylene vinyl acetate copolymer by plasma grafting of acrylamide. Func. Polym. 45, 85-93.

Shiran, B.S., Skauge, A., 2013. Recuperação melhorada de petróleo (EOR) por inundação combinada de água/polímero de baixa salinidade. Energy Fuels 27, 1223, 1223-1235.

Shirif, E., 2000. Controlo da Mobilidade por Polímeros em Condições de Águas de Fundo, Abordagem Experimental. Documento SPE 64506-MS. Apresentado na SPE Asia Pacific Oil and Gas Conference and Exhibition, Brisbane, Austrália.

Silverstein, R.M., Webster, F.X., Kiemle, D.J., 2005. Spectrometric Identification of Organic Compounds (Identificação Espectrométrica de Compostos Orgânicos), John Wiley & Sons, Inc.

Skauge, A., Fosse, B., 1996. Um Estudo da Adesão, Tensão Interfacial e Ângulos de Contacto para um Sistema de Salmoura, Quartzo e Petróleo Bruto. Trabalho apresentado no 3rd International Symposium on Evaluation of Reservoir Wettability and Its Effect on Oil Recovery realizado em Laramie, WY, EUA.

Skauge, A., Standal, S., Boe, S.O., Skauge, T., Blokhus, A.M., 1999. Effect of Organic Acids and Base, and Oil Composition on Wettability (Efeito dos Ácidos Orgânicos e da Base e da Composição do Óleo na Molhabilidade). Documento SPE 56673. Apresentado na Conferência e Exposição Técnica Anual da SPE realizada em Houston, TX, EUA.

Somasundaran, P., Zhang, L., 2006. Adsorção de surfactantes em minerais para controlo da molhabilidade em processos melhorados de recuperação de petróleo. J. Petrol. Sci. Eng. 52, 198-212.

Somerville, H.J., Bennett, D., Davenport, J.N., Holt, M.S., Lynes, A., Mahieu, A., McCourt, B., Parker, J.G., Stephenson, R.R., Watkinson, R.J., Wilkinson, T.G., 1987. Environmental Effect of Produced Water from North Sea Oil Operations (Efeito Ambiental da Água Produzida nas Operações Petrolíferas do Mar do Norte). Marine Pollution Bulletin 18, 549-562.

Sorbie, K.S., 1991. Polymer-Improved Oil Recovery. 1ª Edição, CRC Press, 37-79.

Sriram, S., Christopher, B., Jun, L., Do Hoon, K., Upali, W., Gary, A.P, 2012. Simpósio de Recuperação Melhorada de Petróleo. Sociedade de Engenheiros de Petróleo, Tulsa, OK, EUA.

Srivastava R.K., Huang, S. S., Dong, M., 1999. Comparative Effectiveness of CO2 Produced Gas, and Flue Gas for Enhanced Heavy-Oil Recovery (Eficácia Comparativa do Gás Produzido com CO2 e do Gás de Combustão para Recuperação Melhorada de Óleos Pesados). SPE Reservoir Evaluation & Engineering, 2, 238-247.

Stoll, W., AlShureqi, H., Finol, J. Al-Harthy, A., Oyemade, S., De Kruijf, A., Van Wunnik, J., Arkesteijn, F. Bouwmeester, R., Faber, M., 2011. Inundação de Alcalina/Surfactante/Polímero: Do Laboratório para o Campo. *SPE J.* 14, 702-712.

Stori de Lara, L., Voltatoni, T., Rodrigues, M.C., Miranda, C.R., Brochsztain, S., 2015. Aplicações potenciais de ciclodextrinas na recuperação avançada de petróleo, Colloids Surf. A 469, 42-50.

Taber, J.J., Martin, F.D., Seright, R.S., 1997. EOR Screening Criteria Revisited- Part 2: Applications and Impact of Oil Prices, SPE Reserv. Eng. J. 12, 199206.

Thomas, M.M., Clouse, J.A., Longo, J.M., 1993a. Adsorção de compostos orgânicos em minerais de carbonato 1. Compostos modelo e sua influência na molhabilidade mineral. Chemical geology 109, 201-232.

Tiab, D., Donaldson, E.C., 1999. Petrofísica: teoria e prática da medição das propriedades da rocha reservatório e do transporte de fluidos. Gulf Prof. 233- 286.

Torseater, O., Boe, R., Holt, T., 1997. Um estudo experimental da relação entre as propriedades da superfície da rocha, a molhabilidade e as características da produção de petróleo. Documento SCA-9739. Actas do Simpósio Internacional da Society of Core Analysts realizado em Calgary, Canadá.

Trujillo, E.M., 1983. As Tensões Interfaciais Estáticas e Dinâmicas entre Óleos Brutos e Soluções Cáusticas, Soc. Pet. Eng. J. 23, 645-656.

Tsujita, T., Shirai, K., Saito, Y., Okuda, H., 1990. Relação entre lipase e esterase. Prog. Clin. Biol. Res. 344, 915-933.

Tweheyo, M.T., Holt, T., Torseater, O., 1999. Um Estudo Experimental da Relação entre a Molhabilidade e as Características da Produção de Petróleo. J. Pet. Sci. Eng. 24, 179-188.

Uchida, E., Ikada, Y., 1996. Modificação da superfície de polímeros por polimerização de enxerto induzida por UV. Curr. Trends Polym. Sci. 1, 135-146.

Urbissinova, T.S., Trivedi, J., Kuru, E., 2010. Efeito da Elasticidade durante a Inundação de Polímeros Viscoelásticos: A Possible Mechanism of Increasing the Sweep Efficiency (Um possível mecanismo para aumentar a eficiência da varredura). J. Canadian Pet. Technol. 49, 49-56.

Van der Vegt, W., van der Mei, H.C., Busscher, H.J., 1993. Complexação de superfície no sistema H^+ -Goethite (α-FeOOH)-Hg (II)-Chloride. J. Colloid Interface Sci. 156, 121-128.

V.S.S. Gonçalves, S. Rodriguez-Rojo, E. De Paz, C. Mato, A. Martin, M.J. Cocero, 2015.Produção de formulações de quercetina solúveis em água pela técnica de emulsão pressurizada de acetato de etilo em água utilizando tensioactivos de origem natural, Food Hydrocolloids, 51, 295-304.

Venuto, P.B., 1989. Tailoring EOR Processes to Geological Environments. World Oil 209, 61-68.

Wagner, O.R., Leach, R.O., 1959. Melhoria da eficiência de deslocamento de óleo por ajuste de molhabilidade. Pet. Trans. AIME 216, 65-72.

Walters, C.J., Collie, J.S., Webb, T., 1989. Experimental design for estimating transient responses to habitat alterations: Será prático controlar as interacções ambientais? Can. Sp. Publ. Fish. Aquat. Sci. 105, 13-20.

Wang, D. M., Cheng, J. C., Yang, Q. Y. 2000. A solução HPAM com comportamento visco-elástico pode aumentar a eficiência do deslocamento microscópico no núcleo. Ata Petrol. Sinica, (chinês) 21, 45-51.

Wang, D., Liu, C., Wu, W., Wang, G., 2010. Novos surfactantes que atingem uma tensão interfacial ultra-baixa entre o óleo e a água de formação de alta salinidade sem adição de álcalis, sais, co-surfactantes, álcool e solvente. Documento SPE 127452. Apresentado na Conferência SPE EOR na Oil & Gas West Asia, Muscat, Oman.

Wang, W. Y. 1995. Usando o efeito do comportamento visco-elástico para aumentar a eficiência do óleo de deslocamento. Fault-Block Oil and Gas Field (chinês) 2, 27-29.

Wasson, L.L., Harwell, J.H., 2000. Adsorção de surfactantes em meios porosos. Em: Scramm, L. L. (Ed.), Surfactants: Fundamentals and Application in the Petroleum Industry. Cambridge University Press Inc., Cambridge.

Watkins, C., 2009. A recuperação de petróleo quimicamente melhorada está de volta. Inform. 682.

Willhite, D., Green, W., Paul, G., 1998. Enhanced oil Recovery. Henry L. Doherty Memorial Fund da AIME, Society of Petroleum Engineers.

Wilson, P.M., Murphy, C.L., Foster, W.R., 1976. The Effects of Sulfonate Molecular Weight and Salt Concentration on the Interfacial Tension of OilBrine-Surfactant Systems. Documento SPE 5812. Apresentado no SPE Improved Oil Recovery Symposium, Tulsa, Oklahoma.

Wolcott, J.M., Groves Jr., F.R., Lee, H-G., 1993. Investigação das Interacções Petróleo Bruto/Mineral: Influência da química do óleo na alteração da molhabilidade. Documento SPE 25194. Apresentado no Simpósio Internacional SPE sobre Química de Campos Petrolíferos realizado em Nova Orleães, LA, EUA.

Wu, S., Firoozabadi, A., 2010. Efeito da Salinidade na Alteração da Molhabilidade para Molhagem de Gás Intermédia. SPE Reserv. Eval. Eng. 13, 228-245.

Xi, Y., Martens, W., He, H., Frost, R.L., 2005. Análise termogravimétrica de organoclastros intercalados com o surfactante brometo de octadecil trimetilamónio. Jornal de Análise Térmica e Calorimetria 81, 91-97.

Xia, H. F., Wang, D. M., Guan, Q. J. 2002b. A experiência da caraterística viscoelástica da solução de polímero. J. Daqign Petrol. Inst. (chinês) 26, 105108.

Xia, H. F., Wang, D. M., Hou, J. R. 2002a. O efeito da caraterística viscoelástica da solução de polímero na eficiência do deslocamento de óleo. J. Daqing Petrol. Inst. (chinês) 26, 109-111.

Xia, H. F., Wang, D. M., Liu, Z. C. 2001. Estudo do mecanismo de solução de polímero com comportamento visco-elástico aumentando a eficiência de deslocamento de óleo microscópico. Ata Petrol. Sinica (chinês) 22, 60-65.

Xia, H. F., Wang, D. M., Wu, J. Z., Kong, F. S. 2004. A elasticidade das soluções HPAM aumenta a eficiência da deslocação em condições de molhabilidade mista. SPE 88456, SPE Asia Pacific Oil and Gas Conference and Exhibition, Perth, Austrália, 1-8.

Xie, X., Morrow, N.R., 1999. Ângulos de Contacto em Quartzo Induzidos por Adsorção de Hidrocarbonetos Heteropolares. J. Adhesion Sci. Technol. 13, 1119-1135.

Xie, X., Morrow, N.R., Buckley, J.S., 2000. Histerese do ângulo de contacto e estabilidade das alterações de molhagem induzidas pela adsorção de petróleo bruto. Trabalho apresentado no 6th International Symposium on reservoir Wettability and Its Effect on Oil Recovery realizado em

Socorro, 2000, NM, EUA.

Xu, J., Liu, Z., Erhan, S.Z., 2008a. Propriedades Viscoelásticas de um Hidrogel Biológico Produzido a partir de Óleo de Soja. JAOCS 85, 285-290, ISSN: 0003-021X.

Xu, Q. Y., Nakajima, M., Ichikawa, S., Nakamura, N., Shiina, T., 2008b. Um estudo comparativo da geração de microbolhas por agitação mecânica e sonicação, *Innov. Food Sci. Emerg.* 9, 489-494, ISSN: 1466-564.

Y   ang, J., Qiao, W., Li, Z., Cheng, L., 2005. Efeitos da ramificação em isómeros de hexadecilbenzeno sulfonato no comportamento da tensão interfacial em sistemas de óleo/álcali. Fuel 84, 1607-1611.

Y   ang, X., Wang, D., Wang, G., Sui, X., Liu, W., Kan, C. 2006. Study on High Concentration Polymer Flooding to Further Enhanced Oil Recovery (Estudo sobre a Inundação de Polímeros de Alta Concentração para Melhorar a Recuperação de Petróleo). SPE 101202. 2006 SPE ATCE em San Antonio, Texas, 24-27 de setembro.

Y   e, L., Huang, R., Wu, J., Hoffman, H., 2004. Síntese e comportamento reológico de poli [acrilamida-ácido acrílico-N-   (4-butil)fenilacrilamida] polielectrólitos modificados hidrofobicamente. Colloid Polym. Sci. 282, 305-313.

Y   e, Z., Zhang, F., Han, L., Luo, P., Yang, J., Chen, H., 2008. O efeito da temperatura na tensão interfacial entre o petróleo bruto e a solução de surfactante Gemini. Colloids Surf. A 322, 138-141.

Y   en, T.F., Wu, W.H., Chilingar, G.V., 1984. Um estudo da estrutura dos asfaltenos de petróleo e substâncias relacionadas por espetroscopia de infravermelhos. Energy Sources 7, 203-235.

Zahari, I., Arif, A.A., Pauziyah, A.H., Hon, V.Y., Lim, P.H., 2006. Aspeto laboratorial da avaliação de processos EOR químicos para campos petrolíferos da Malásia. Paper no. SPE 100943. Conferência e Exposição de Petróleo e Gás da Ásia-Pacífico, Adelaide, Austrália.

Zdziennicka, A., Janczuk, B., 2010. Molhabilidade do quartzo por solução aquosa de surfactantes catiónicos e misturas de álcoois de cadeia curta. Mater. Chem. Phys. 124, 569-574.

Zekri, A.Y., Ghanam, M., Al Mehedaideb, R.A., 2003. Alterações na molhabilidade de rochas carbonatadas induzidas por solução microbiana. SPE 80527. SPE Asia Pacific Oil and Gas Conference and Exhibition, Jacarta, Indonésia.

Zekri, A.Y., Shedid, S.A., Almehaideb, R.A., 2009. Investigação das interacções entre dióxido de carbono supercrítico, petróleo bruto asfalténico e salmoura de formação em formações carbonatadas. J. Pet. Sci. Eng. 69, 63-70.

Zhang, L. H., Zhang, Jiang, D. B. 2006. O comportamento reológico de soluções de poliacrilamida tolerantes ao sal. Chem Eng Technol, 29(3), 395-400.

Zhang, L., Luo, L., Zhao, S., Xu, Z., An, J., Yu, J., 2004. Efeito de diferentes fracções ácidas no petróleo bruto sobre as tensões interfaciais dinâmicas em sistemas de óleo surfactante/alcalino/modelo. J. Pet. Sci. Eng. 41, 189-198.

Zhang, P., Austad, T., 2005. Os efeitos relativos do número de ácido e da temperatura na molhabilidade do giz. Documento SPE 92999 apresentado no Simpósio Internacional SPE sobre Química de Campos Petrolíferos realizado em Houston, Texas.

Zhang, X.L., Penfold, J.R., Thomas, R.K., Tucker, I.M., Petkov, J.T., Bent, J., Cox, A., 2012. Comportamento de Adsorção de Misturas de Hidrofobina e Hidrofobina/Surfactante na Interface de Solução Sólida. Langmuir 27, 10464-10474.

Zhang, Y.P., Sayegh, S.G., e Huang, S., 2007. O papel da tensão interfacial efectiva na inundação alcalina/surfactante/polímero. J. Petrol. Sci. Eng. Apresentado na Canadian International Petroleum Conference, Calgary, Alberta.

Zhao, F., Du, Y., Li, C., Tang, J., Yang, P., 2004. Estudo das Propriedades Viscoelásticas de uma Solução de Poliacrilamida Parcialmente Hidrolisada. Ata. Phys-Chim. Sin. 20, 1385-1388.

Zhao, Z. K., Bi, C. G., Li, Z. S., Qiao, W. H. 2006. Tensão interfacial entre petróleo bruto e sistemas de inundação alcalinos de surfactantes de decilmetilnaftaleno sulfonato. Colloids and Surfaces A: Physicochemical and Engineering Aspects. 276, 186-191.

Zhao, Z., Li, Z., Qiao, W., Cheng, L., 2005. Comportamento dinâmico da tensão interfacial entre petróleo bruto e sistemas de inundação de sulfonato de octametilnaftaleno. Colloids Surf. A 259, 71-80.

Zhou, G.; Willett, J.L.; Carriere, C.J., 2000. Dependência da temperatura da viscosidade de compósitos biodegradáveis de poli (éter hidroxi éster) altamente preenchidos com amido. Rheologica. Ata. 39, 601-606.

Zolfaghari, R., Katbab, A. A., Nabavizadeh, J., Tabasi, R. Y., Nejad, M. H. 2006. Preparação e caraterização de hidrogéis nanocompostos à base de poliacrilamida para aplicações de recuperação de petróleo melhoradas. J. Appl. Polym. Sci., 100 (3), 2096-2103.

Zonglin Chu e Yujun Feng, 2013. Surfactantes de cadeia longa derivados de vegetais sintetizados através de uma rota "verde", ACS Sustainable Chem. Eng., 1, 75-79.

LISTA DE SÍMBOLOS E ABREVIATURAS

Letras gregas

μ, η	Viscosity
Kg	Kilogram
°C	Degree centigrade
T	Temperature
H	Hours
Θ	Contact Angle (degree)
λ	Mobility
M	Mobility ratio
ρ_o	Oil density
Φ	Porosity
K	Permeability
V_b	Bulk Volume
V_P	Pore Volume
nm	Nanometer
μL	Microliter
g	Gram
dl	Deciliter
°	Radian
γ	Shear rate

RAME	Ricinoleic acid methyl ester
RA	Ricinoleic acid
CO	Castor oil
KBr	Potassium bromide
CA	Contact angle
L	Left
R	Right
R.B	Round bottom
KCl	Potassium chloride
SP	Surfactant flooding
ASP	Alkali surfactant flooding
PAM	Polyacrylamide
IOR	Improved Oil Recovery
DIFT	Dynamics Interfacial Tension
O/W	Oil-in-water
PV	Pore Volume
R	Radius
S_{oi}	Initial Oil Saturation
S_{or}	Residual Oil Saturation after oil recovery process
SP_o	Solubilization parameter for oil
V	Volume of Surfactant Solution
υ	Velocity of displacing fluid
V1	Oil produces after brine flooding (ml)
V2	Oil produces after polymer flooding (ml)
G'	Storage modulus
G"	Loss modulus
W/O	Water –in-Oil
API	American Petroleum Institute
IOR	Improved Oil Recovery
k_o	Relative Permeability to oil

I want morebooks!

Buy your books fast and straightforward online - at one of world's fastest growing online book stores! Environmentally sound due to Print-on-Demand technologies.

Buy your books online at
www.morebooks.shop

Compre os seus livros mais rápido e diretamente na internet, em uma das livrarias on-line com o maior crescimento no mundo! Produção que protege o meio ambiente através das tecnologias de impressão sob demanda.

Compre os seus livros on-line em
www.morebooks.shop

MIX
Papier aus verantwortungsvollen Quellen
Paper from responsible sources
FSC® C105338

FSC
www.fsc.org

Printed by Books on Demand GmbH, Norderstedt / Germany